MINI

ENCYCLOPÉDIE DES DINOSAURES À la PRÉHISTOIRE

MINI

ENCYCLOPÉDIE

DES DINOSAURES
À la PRÉHISTOIRE

Consultant : Steve Parker

Piccolia

Table des matières

Les formes anciennes de vie

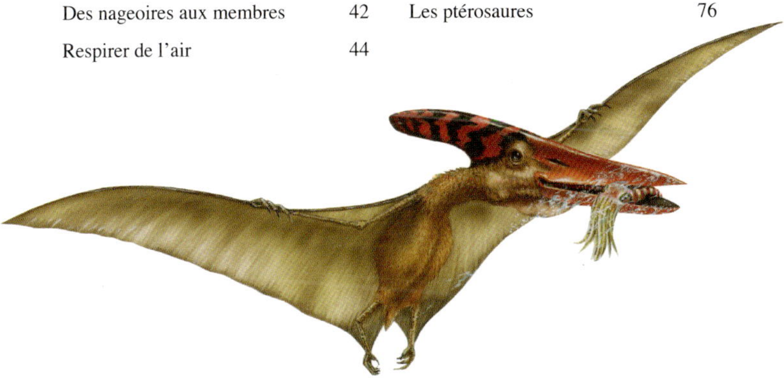

Les dinosaures

Le temps des mammifères

Les humains

Les formes anciennes de vie

Les temps préhistoriques

- Le **temps écoulé depuis que la Terre s'est formée** est divisé en grandes unités appelées « ères », qui sont à leur tour divisées en « périodes ». Certaines périodes se subdivisent en « époques ». Ces unités de temps ont été déterminées à partir des différentes couches de roches façonnées au cours des millénaires.
- Le **Précambrien** s'étend d'environ -4 600 à -542 millions d'années (Ma). C'est durant cette ère que la vie commença à se manifester dans les océans. Pendant le Cambrien (-542 à -490 Ma), ces océans étaient dominés par les premiers vertébrés.
- Au cours de l'**Ordovicien** (-490 à -435 Ma), des végétaux commencèrent à prospérer sur la terre ferme. Lors de la période suivante, le **Silurien** (-435 à -410 Ma), le premier poisson à mâchoires fit son apparition, ainsi que les premières plantes terrestres à croissance verticale.
- Le **Dévonien** (-410 à -359 Ma) vit naître les premiers poissons osseux dans les océans, mais aussi les arbres et les insectes sur la terre ferme.
- Le **Carbonifère** (-359 à -299 Ma) fut marqué par la présence d'immenses forêts tropicales et l'émergence des premiers animaux terrestres dotés de squelettes, les vertébrés.
- Durant le **Permien** (-299 à -251 Ma), les reptiles devinrent les animaux terrestres dominants.

- Le **Trias** (-251 à -201 Ma) data l'essor des dinosaures et des premiers petits mammifères. Pendant le Jurassique (-201 à -145 Ma), les reptiles s'imposèrent sur la terre, dans le ciel et dans les océans.
- Le **Crétacé** (-145 à -66 Ma) vit proliférer les plantes à fleurs, mais fut également le témoin de l'extinction des dinosaures.
- Au cours du **Tertiaire** (-66 à -1,6 Ma), pendant l'ère Cénozoïque, les mammifères se répandirent et les habitats de prairies se multiplièrent, tandis que les températures chutaient.
- L'ultime partie de l'ère Cénozoïque, le **Quaternaire** (-1,6 Ma à nos jours), fut la période des dernières grandes glaciations et de l'expansion de l'homme moderne.

▼ Bien que de nombreuses espèces animales et végétales aient disparu il y a 66 Ma, d'autres ont survécu. Les insectes, les vers, les poissons, les oiseaux et les mammifères ont échappé à l'extinction massive et subsistent de nos jours.

Les premiers végétaux

- Parmi les tout **premiers êtres vivants apparus sur Terre**, il y avait des bactéries unicellulaires et des cyanobactéries, appelées « algues bleues ».
- Ces cyanobactéries sont apparues il y a près de 3,5 milliards d'années. Elles contenaient de la chlorophylle et furent les **premiers organismes vivants à réaliser la photosynthèse**, c'est-à-dire à fabriquer de l'énergie à partir des rayons du Soleil.
- **La photosynthèse génère de l'oxygène**. En quelques millions d'années, les algues bleues produisirent suffisamment d'oxygène dans l'atmosphère pour permettre le développement de formes de vie plus complexes.

▲ *Les lichens comme celui-ci sont constitués d'une algue et d'un champignon. À l'instar des lichens d'aujourd'hui, les tout premiers poussaient sur des rochers. Au fil du temps, ils finissaient par en éroder une partie, contribuant ainsi à la formation du sol.*

▲ *Les lichens sont capables de survivre dans des endroits où les autres plantes mourraient, comme au sommet des montagnes, dans les déserts, ou encore en Arctique, où certains sont âgés de plus de 4 000 ans.*

- Les tout premiers eucaryotes, ou **algues unicellulaires**, sont apparus il y a plus de 1,5 milliard d'années. Il y environ 550 Ma, des **végétaux pluricellulaires** ont vu le jour, notamment des algues rudimentaires.
- Les **algues** et les **lichens** furent les premières formes de vie végétale à se développer sur la terre ferme.
- Les **plantes appelées bryophytes**, notamment les mousses et les hépatiques, se propagèrent sur la terre il y a un peu plus de 400 Ma. Ce sont des végétaux dépourvus de tissus conducteurs permettant la diffusion de l'eau.
- Les **bryophytes ne peuvent pas croître à la verticale**, car leurs tiges ne sont pas assez robustes.

Le sais-tu ?

Les hépatiques se développaient sur des tapis d'algues bleues présentant la particularité de piéger l'azote de l'air nécessaire à la croissance des hépatiques.

Les plantes vasculaires

- Les plantes vasculaires sont **mieux adaptées** que les mousses et les hépatiques pour peupler les **terrains secs**.
- Elles sont dotées de tiges ramifiées renfermant des **vaisseaux tubulaires** qui permettent de transporter l'eau et les nutriments. Ils leur permettent également de pousser à la verticale. Les plantes vasculaires primitives étaient dotées de **spores** (cellules reproductrices comparables à de minuscules graines) qu'elles dispersaient pour se reproduire. Plus la plante était haute, plus la distance de dispersion de ses spores était grande.
- ***Cooksonia*** est l'une des premières plantes vasculaires connues. Elle mesurait environ 5 cm de haut et possédait des tiges ramifiées.
- Les **paléontologues** sont des scientifiques qui étudient les fossiles de plantes et d'animaux préhistoriques, afin de comprendre comment ils vivaient. Au pays de Galles, ils ont mis au jour des restes fossiles de *Cooksonia*.
- Rhynie, en Écosse, est un site où l'on a trouvé de nombreux fossiles de **végétaux vasculaires primitifs à ramifications aériennes**.
- On pense que les végétaux découverts à Rhynie prospéraient sur les **rives sablonneuses** de petites étendues d'eau, il y a environ 410 Ma.
- Parmi les fossiles de plantes de Rhynie, ***Aglaophyton*** mesurait autour de 45 cm. Elle s'ancrait au sol par des **filaments souterrains** comparables à des racines. Cette plante disposait également de tissus conducteurs pour le transport de l'eau, ainsi que de stomates, ces minuscules orifices par lesquels s'effectuent les échanges d'air et d'eau.
- L'**essor des végétaux terrestres** permit l'instauration des conditions nécessaires à l'évolution de nombreuses espèces animales du milieu aquatique vers la terre. En effet, les plantes fertilisaient les sols, constituaient des sources de nourriture et procuraient des abris aux animaux.

▲ *Cooksonia était dotée de tiges ramifiées d'égale longueur, dont l'extrémité portait des capsules remplies de spores. Les plus anciens spécimens de Cooksonia ont été mis au jour en Irlande et dateraient de -430 Ma environ.*

Les gymnospermes

- Les gymnospermes sont des **végétaux produisant des graines** qui sont exposées à l'air libre, comme sur des cônes de pin, par exemple. Le terme gymnosperme est issu de deux mots grecs : Gymnos, qui signifie « nu », et Sperma, qui veut dire « graine ».
- Ces plantes sont apparues **environ 320 Ma avant notre ère**. Elles ont probablement évolué à partir de végétaux primitifs tels que *Cooksonia*.
- Les gymnospermes proliféraient **dans les forêts tropicales humides** durant le Carbonifère supérieur (-359 à -299 Ma).
- Les **différentes variétés de gymnospermes** comprennent les conifères, les cycadales, les ginkgoales, les gnétales et les fougères à graines.
- Avec leurs cimes de feuilles plumeuses, les **cycadales** rappellent à la fois des palmiers et des fougères. Elles étaient beaucoup plus répandues qu'aujourd'hui.

▲ *Évoquant celles des fougères, les feuilles des cycadales poussent en couronne au sommet du tronc.*

▼ *Aussi appelé « arbres aux quarante écus », le ginkgo est le seul survivant d'un groupe botanique très ancien apparu au début du Permien, il y a environ 260 à 280 Ma. Ses feuilles sont en forme d'éventail, et ses graines jaunes et charnues.*

- Les **ginkgoales**, dont *Ginkgo biloba* est le seul représentant, sont de proches cousines des cycadales. Devenu très rare à l'état sauvage, cet arbre ornemental reste présent dans nos villes.
- ***Glossopteris*** est une gymnosperme éteinte, dont certains paléontologues pensent qu'elle était semblable aux ancêtres des plantes à fleurs.
- Avec les **fougères** et les **prêles** (un type d'herbe), les gymnospermes dominèrent les paysages du Mésozoïque, anciennement appelé « ère secondaire » (-251 à -66 Ma).
- Au cours du Jurassique (-201 à -145 Ma), les dinosaures herbivores parcouraient d'**immenses forêts de conifères**, où ils trouvaient leur principale source de nourriture.
- Aujourd'hui, les conifères colonisent généralement **les zones froides ou sèches**, auxquelles ils se sont bien adaptés.

▲ *Les conifères possèdent des feuilles aciculaires (en forme d'aiguille), et produisent leurs graines dans des cônes au lieu de fleurs.*

▶ *Cet* Araucaria, *également appelé « désespoir des singes », est un type de conifère datant du Jurassique.*

Les angiospermes

- Les angiospermes sont des **plantes à fleurs** qui produisent leurs graines à l'intérieur d'un fruit, faisant lui-même partie de la fleur. Elles tirent leur nom des mots grecs *Angeion*, qui signifie « capsule », et *Sperma*, qui veut dire « graine ».
- Ces plantes seraient apparues il y a **environ 140 Ma**, mais une découverte récente pourraient les faire remonter à -240 Ma.
- Les **plus anciennes traces** d'angiospermes sont constituées de restes fossiles de feuilles et de grains de pollen.
- Les **botanistes** pensaient que les magnolias comptaient parmi les premières angiospermes, mais ils suggèrent à présent qu'il existait une plante plus ancienne encore, d'environ -125 Ma, et désormais disparue, *Archaefructus*.
- Des restes fossiles d'***Archaefructus*** ont été découverts au nord-est de la Chine vers le milieu des années 1990.
- Il y a environ 100 Ma, les angiospermes ont évolué pour donner naissance à **des dizaines de familles de plantes**, dont la plupart subsistent encore.
- Autour de -60 Ma, les **angiospermes** se sont imposées partout sur Terre au détriment des gymnospermes.
- Le début du Paléocène, vers -66 Ma environ, fut marqué par une **hausse des températures**, qui favorisa la formation de forêts tropicales.
- C'est dans ces **forêts tropicales** que les angiospermes ont pu se diversifier en de nombreuses espèces de plantes différentes.
- Plusieurs raisons expliquent le **succès évolutif des angiospermes**. Elles étaient capables de croître rapidement, et disposaient d'un vaste réseau de racines pour se fixer au sol et y puiser de l'eau et des nutriments. De plus, contrairement aux autres plantes, elles pouvaient coloniser un grand nombre d'environnements différents.

▲ *Un spécimen d'*Archaefructus*, l'un des tout premiers exemplaires connus d'angiosperme. Les fossiles d'*Archaefructus*, qui remontent peut-être à quelque 125 Ma, présentent certaines caractéristiques propres aux angiospermes, notamment des graines protégées par une enveloppe, et des fleurs.*

Les premiers invertébrés

- Un invertébré est un **animal dépourvu de colonne vertébrale**. Premiers animaux à apparaître sur Terre, les invertébrés ont d'abord vécu dans les océans préhistoriques.
- Parfois appelés « protistes », les **premiers organismes de type animal** étaient unicellulaires et se nourrissaient d'autres organismes animaux ou de matières organiques végétales.
- Parmi les **protistes préhistoriques**, seuls ceux dont le corps présentait des parties dures se sont fossilisés. Les plus anciens de ces fossiles datent de plus de 600 Ma.
- Âgé d'approximativement 600 Ma, ***Mawsonites*** est l'un des fossiles les plus anciens. Ce pourrait être un animal pluricellulaire, mais aussi peut-être une méduse primitive, un ver rudimentaire, ou même les restes d'un terrier, ou encore une colonie de microbes.
- Plusieurs des **fossiles des premiers invertébrés** proviennent de groupes d'animaux aujourd'hui disparus.
- Certains de ces animaux avaient des **corps segmentés** et la silhouette ballonnée par endroit.
- L'un de ces invertébrés est ***Spriggina***, découvert par le géologue Reg Sprigg en 1946, près d'Ediacara, au sud de l'Australie, datés de près de 550 Ma.

Le sais-tu ?

À l'une des extrémités de son corps, Spriggina présente une forme incurvée pareille à un bouclier. Certains paléontologues pensent qu'il s'agissait de sa tête, mais d'autres évoquent une sorte d'ancre pour se fixer sur le fond marin.

▸ Charnia *était un animal préhistorique en forme de plume, qui vivait en colonies fixées au fond marin. Les fossiles de* Charnia *sont âgés de 550 à 570 Ma.*

- À **Ediacara**, les paléontologues ont déterré les fossiles de nombreux autres invertébrés ressemblant à des méduses.
- Un autre invertébré célèbre fut découvert en 1957, par Roger Mason, un écolier anglais. Il s'agit du fossile de ***Charnia***, un animal à l'apparence d'une plume de mer.

Les arthropodes

- Les arthropodes forment **le plus grand groupe zoologique** existant. Il comprend les insectes, les crustacés (crabes et homards), les arachnides (araignées) et les myriapodes (mille-pattes), soit n'importe quel animal doté d'un corps segmenté et de membres articulés.
- Certains des restes d'arthropodes les plus anciens proviennent des **dépôts de schistes de Burgess**, au Canada, et datent de -505 Ma.
- ***Marrella*** est l'un des fossiles les plus communs dans les schistes de Burgess. Il mesurait environ 2 cm de long, sa tête était protégée par une sorte de bouclier, duquel pointaient de chaque côté deux longues excroissances épineuses.
- **Son corps était divisé en segments** comportant chacun une paire d'appendices, probablement pour se déplacer sur le fond marin.
- Autrefois, les paléontologues classaient *Marrella* parmi les trilobites, mais ils le considèrent dorénavant comme un **type d'arthropode distinct**.

- L'un des tout premiers, si ce n'est le premier, groupe d'animaux **à sortir de l'eau** pour coloniser la terre ferme fut celui des arthropodes, quelque part entre -500 et -400 Ma.
- Les arthropodes étaient tout à fait **adaptés à la vie sur la terre ferme**. Beaucoup possédaient un exosquelette (squelette externe) qui les empêchait de se dessécher. De plus, ils se déplaçaient aisément sur le sol.
- Les **cloportes** comptaient possiblement parmi les premiers arthropodes terrestres. Ils se nourrissaient de végétaux en décomposition qu'ils trouvaient sur le littoral maritime.
- Le **plus grand arthropode** terrestre de tous les temps était une sorte de mille-pattes du genre *Arthropleura*, qui mesurait 1,80 m de long.
- ***Arthropleura*** vécut pendant le Carbonifère (-359 à -299 Ma). Comme les cloportes, il vivait sur le tapis forestier et se nourrissait de plantes en décomposition.

▼ *De la taille d'un humain adulte,* Arthropleura *est le plus grand de tous les arthropodes terrestres ayant vécu sur la planète, et membre du premier groupe d'animaux à coloniser la terre ferme.*

Les mollusques et les graptolites

- Les **mollusques modernes** comprennent les gastéropodes (limaces, escargots et patelles), les bivalves (palourdes, huîtres, moules et coques) et les céphalopodes (pieuvres, calmars et seiches).
- Ils constituent l'**un des groupes zoologiques les plus diversifiés** ayant jamais vécu.
- **Pas plus gros qu'une tête d'épingle**, les premiers mollusques sont apparus au début du Cambrien, il y a quelque 540 Ma.
- Les **premiers mollusques céphalopodes** ont, quant à eux, émergé vers la fin du Cambrien, soit environ 490 Ma avant notre ère.
- L'un des plus anciens céphalopodes était ***Plectronoceras***. Il possédait une coquille en forme de corne et divisée en plusieurs loges.
- Les **mollusques gastéropodes** ont constitué l'un des premiers groupes d'animaux à peupler la terre ferme.
- À terre, les **escargots** et les **limaces** ne peuvent pas vivre n'importe où, car ils nécessitent certaines conditions d'humidité.
- **Les céphalopodes sont les mollusques les plus évolués** de tous. Les calmars et les poulpes ont développé de gros cerveaux, une excellente vue, des tentacules, ainsi que des mâchoires comme des becs.
- **Les graptolites composent un groupe éteint** d'animaux simples, qui formaient des colonies. Le mot *graptolite* signifie « écrit sur la pierre », car les fossiles de ces organismes ressemblent à des griffonnages sur la roche.

Les graptolites étaient dotés de **tentacules**, qu'ils utilisaient peut-être pour filtrer les particules alimentaires présentes dans l'eau ou sur le fond marin.

◄ *Cet escargot est un mollusque. Il se caractérise par son pied musclé, sa coquille et sa tête dotée d'yeux et de tentacules. Aujourd'hui, il existe plus de 100 000 espèces de mollusques, mais il y en avait beaucoup plus autrefois. Grâce à leurs coquilles qui se fossilisent bien, et à plusieurs espèces qui évoluent rapidement, ces animaux sont très importants, car les stades de l'évolution de leur morphologie sont utilisés comme « marqueurs » pour dater les roches.*

Les ammonites

- Les ammonites sont des **mollusques** appartenant au groupe des céphalopodes. Elles ont disparu à la fin du Crétacé, il y a 66 Ma.
- Les **innombrables fossiles d'ammonites** découverts témoignent de l'abondance passée de ces animaux.
- Certaines ammonites étaient des **prédateurs** et des **charognards**. Elles bénéficiaient d'une très bonne vue, de longs tentacules pour s'emparer de leurs proies et d'une bouche puissante.
- La bouche des ammonites aurait consisté en un **bec acéré** et une **radula**, sorte de langue couverte de dents en chitine, le principal composant de la carapace des insectes.
- Les ammonites étaient dotées de **coquilles divisées en différentes loges**, traversées par un siphon permettant les échanges gazeux et liquides. Grâce à ces échanges, l'animal alourdissait ou allégeait sa coquille, et pouvait ainsi régler sa flottaison et ses déplacements.
- ***Stephanoceras*** était une ammonite dotée d'une coquille spiralée en forme de disque. Elle pouvait mesurer environ 20 cm de diamètre. Elle était très répandue dans les océans durant le Mésozoïque.

▶ *Cette pierre renfermant un fossile d'ammonite montre clairement les divisions de la coquille en différentes loges. La loge la plus reculée abritait l'ammonite au début de son existence. Puis au fur et à mesure de sa croissance, l'animal construisait de nouvelles loges, suffisamment grandes pour l'accueillir. C'est ainsi que la coquille prenait sa forme communément enroulée.*

- ***Nautilus*** est un cousin des ammonites, subsistant de nos jours. Résidant près du fond marin, ce céphalopode se nourrit de petits invertébrés et occasionnellement de charognes.
- Certains constructeurs de bâtiments utilisent volontiers ces **fossiles d'ammonites** pour décorer les murs de leurs édifices.

◀ *Une ammonite nage en quête de nourriture. L'animal se déplaçait en rejetant vigoureusement de l'eau à travers son siphon, ce qui avait pour effet de le propulser vers l'arrière, les tentacules ondulant dans son sillage.*

Les trilobites

- Les trilobites appartenaient au **groupe d'invertébrés** que l'on appelle « arthropodes », des animaux au corps segmenté et dotés d'un exosquelette (squelette externe).
- Le nom **« trilobite » signifie « à trois lobes »**. En effet, la carapace dure des trilobites se divisait en trois parties.
- Les **premiers trilobites** sont apparus il y a environ 520 Ma. Vers -500 Ma, ils s'étaient diversifiés en nombreuses espèces distinctes.
- Ces invertébrés possédaient des **yeux composés**, comme ceux des insectes. Ils pouvaient ainsi voir dans plusieurs directions différentes en même temps.
- Certains trilobites étaient **capables de se rouler en boule**, à la manière de certains cloportes aujourd'hui, formant ainsi un bouclier protecteur bien utile contre leurs prédateurs.
- Leurs **pattes articulées longues et minces** permettaient aux trilobites de se déplacer rapidement sur les fonds marins et les sédiments qui les recouvraient.
- Les trilobites muaient en se débarrassant de leurs squelettes externes. Ces **exosquelettes abandonnés** sont à l'origine de la plupart des fossiles de ces animaux.
- Atteignant plus de 70 cm de long, ***Isotelus*** fut l'un des plus grands trilobites connus.
- Les autres trilobites étaient beaucoup plus petits, tel ***Conocoryphe***, dont la longueur variait entre 2 et 5 cm environ.
- Les trilobites se sont **éteints** il y a quelque 250 Ma, en même temps que de nombreux autres animaux marins.

▲ Ce Conocoryphe *vivait dans les mers du Cambrien moyen, il y a plus ou moins 510 Ma. C'était l'un des plus petits trilobites.*

Pikaia

- *Pikaia* était un petit organisme **semblable à une anguille**, dont on pense qu'il est un membre primitif du groupe à l'origine des vertébrés.
- Ses fossiles ont été extraits des **dépôts de schistes de Burgess** au Canada, datés de -505 Ma.
- *Pikaia* fut vraisemblablement **l'un des tout premiers chordés**, un groupe d'animaux dotés d'une structure de soutien tubulaire s'étirant le long du dos appelée « notochorde ». Tous les vertébrés, y compris les tuniciers et les craniates, des organismes marins, appartiennent à ce groupe.
- *Pikaia* mesurait **environ 5 cm de long**. Ce qui pourrait être considéré comme une notochorde longeait dorsalement tout son corps. Cette sorte de colonne vertébrale cartilagineuse primitive rendait son corps flexible.
- Outre cette notochorde, Pikaia se caractérisait par la présence d'**une centaine de myomères** (bandes musculaires).
- Pikaia était très **similaire à un animal moderne appelé *Branchiostoma***, un petit organisme transparent qui vit dans le sable au fond de la mer.
- Puisqu'il ne possèdait ni squelette osseux, ni paire de nageoires, ni mâchoires, *Pikaia* n'était **pas vraiment un poisson**.
- ***Pikaia* était plus complexe** que nombre des animaux extraits des schistes de Burgess. Il pourrait donc avoir évolué à partir d'autres organismes également complexes, ayant vécu avant lui.

▶ *Surmonté d'une fine nageoire dorsale se prolongeant jusqu'à la queue,* Pikaia *ressemblait un peu à une anguille. La structure cartilagineuse (notochorde) qui courait le long de son corps évolua en colonne vertébrale chez les animaux apparus plus tard.*

- La **tête de *Pikaia* était minuscule** et très rudimentaire. Elle comportait une paire d'appendices analogues à des tentacules, une bouche, et un cerveau primitif (un simple gonflement du tube nerveux), qui servait à traiter les informations.
- *Pikaia* nageait probablement en ondulant **comme un serpent de mer**.

Les poissons sans mâchoires

- Les **premiers poissons** ont probablement vu le jour vers la fin du Cambrien supérieur, autour de -500 Ma.
- Ces poissons avaient la **bouche ouverte en permanence**, car ils étaient dépouvus de mâchoires permettant de l'ouvrir ou de la fermer.

▼ *Les premiers poissons sans mâchoires comme* Hemicyclaspis *pouvaient nager beaucoup plus loin et beaucoup plus vite que la plupart des invertébrés. Cela signifie qu'il leur était plus facile de gagner de nouvelles aires d'alimentation.*

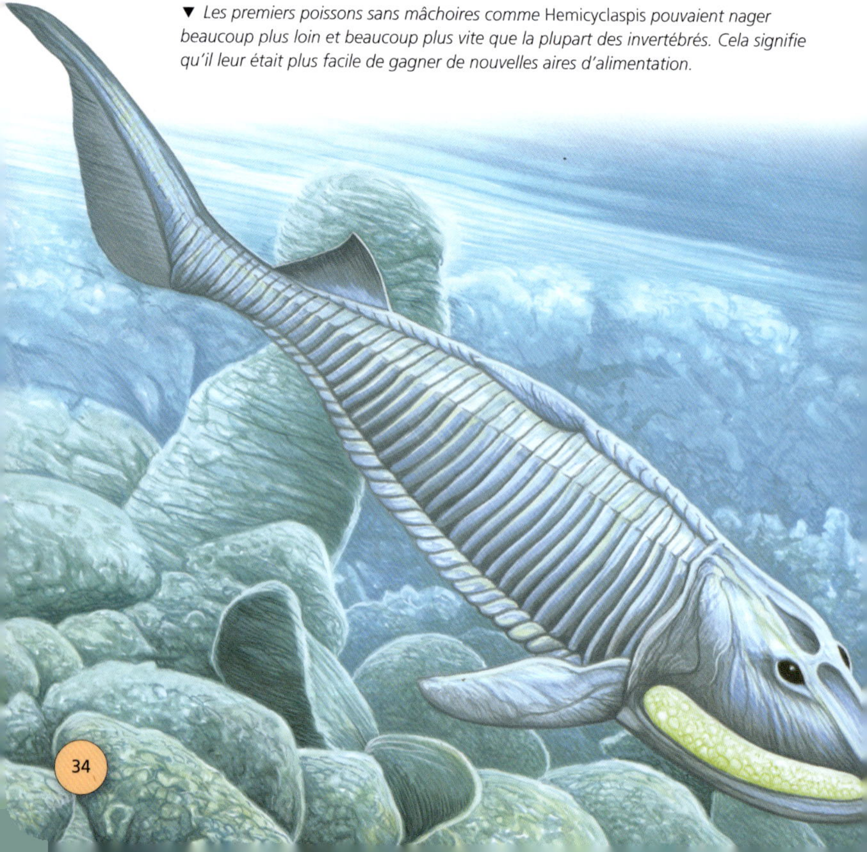

- On qualifie les premiers poissons d'« agnathes », ce qui signifie **« sans mâchoires »**.
- Les **agnathes se nourrissaient en filtrant** le plancton, et peut-être aussi en collectant sur le fond marin de petites particules alimentaires, telles que des algues, de minuscules animaux et de la chair en décomposition.

Le sais-tu ?

Hemicyclaspis avait les yeux au sommet de la tête. C'est pourquoi on suppose qu'il vivait au fond de l'eau, et les utilisait pour repérer les prédateurs nageant au-dessus de lui.

- Parmi les fossiles d'agnathes complets les plus anciens, ***Arandaspis***, fut découvert en Australie en 1959, et ***Sacabambaspis***, au cours des années 1980 en Bolivie et dans d'autres pays d'Amérique du Sud.
- ***Hemicyclaspis*** était aussi une espèce d'agnathe. C'était un poisson plat équipé d'un large bouclier osseux protégeant sa tête et d'une longue queue.
- Les **poissons sans mâchoires apparus ultérieurement** possédaient des corps plus profilés et plus arrondis, ainsi que des yeux situés sur le devant de la tête. Cela laisse penser qu'ils ne se cantonnaient pas au plancher marin.
- La majeure partie des espèces de poissons sans mâchoires se sont **éteintes à la fin du Dévonien**, il y a environ 360 Ma.
- Parmi les agnathes parvenus jusqu'à nous, on compte les **lamproies** et les **myxines,** dont le corps mou et allongé rappelle celui des anguilles. Comme leurs ancêtres, ces poissons sont privés de mâchoires.

Les poissons à mâchoires

- Les **premiers poissons à mâchoires** sont probablement apparus au cours du Silurien (-435 à -410 Ma).
- L'un des **premiers groupes** de poissons à mâchoires fut celui des acanthodiens, du mot grec *akantha* qui veut dire « épine ».
- Disposer de mâchoires et de dents procura aux acanthodiens un **énorme avantage** sur les poissons sans mâchoires. Ils pouvaient consommer une alimentation plus variée et se défendre plus efficacement. Elles ont permis aux acanthodiens de **devenir des prédateurs**.
- Les **mâchoires des acanthodiens** auraient évolué à partir de structures situées dans le pharynx, appelées « arcs branchiaux ». Le pharynx est le conduit de la gorge situé au carrefour des voies aériennes et respiratoires, et reliant la bouche à l'œsophage.
- Les **arcs branchiaux** sont un assemblage de tiges osseuses, ou cartilagineuses, et de muscles à la base des branchies, les organes respiratoires des poissons.

Le sais-tu ?

Une autre différence distingue les poissons à mâchoires des poissons sans mâchoires : les premiers possèdent deux narines, tandis que les seconds n'en ont qu'une.

- Les **dents des premiers acanthodiens** variaient considérablement. Chez certaines espèces, elles étaient acérées et hérissées de pointes, chez d'autres, elles étaient semblables à des lames de rasoir, tandis que chez d'autres encore, elles ressemblaient à des plaques aplaties.

▲ Climatius *était un acanthodien (poisson à mâchoires) qui vécut il y a quelque 400 Ma. Les acanthodiens se caractérisaient notamment par la présence d'épines osseuses hérissant certaines de leurs nageoires. À cause de cela et de leur silhouette générale, ils sont parfois appelés « requins épineux », bien qu'ils n'en soient pas.*

Les requins

- Les **vestiges fossiles** de requins répertoriés les plus anciens sont des écailles tirées de strates rocheuses datées de la fin du Silurien, soit environ -420 Ma.
- Les requins appartiennent au groupe des **poissons cartilagineux**, qui comprend également les raies et les chimères. Au contraire des poissons osseux, leur squelette est en cartilage.
- ***Cladoselache*** était un requin préhistorique, qui pouvait mesurer jusqu'à 2 m de long.
- Il semble que *Cladoselache* partageait de multiples **points communs avec les requins modernes** : il avait un corps fuselé, une paire de nageoires dorsales et des nageoires pectorales de forme triangulaire.
- ***Stethacanthus*** était un requin préhistorique sans ressemblance avec les requins modernes. Il avait notamment sur la tête une protubérance en forme d'enclume couverte de denticules. Il vécut au cours du Carbonifère (-359 à -299 Ma).

Le sais-tu ?

Les mâchoires des requins préhistoriques étaient fixées de chaque côté de leur crâne, alors que celles des requins modernes sont fixées sous leur boîte crânienne, ce qui leur autorise une morsure plus puissante.

▼ *Ce requin bleu moderne est un nageur rapide et un prédateur redoutable. Les principales caractéristiques des requins, en particulier leurs dents acérées disposées en rangs serrés et leur corps fuselé, n'ont quasiment pas changé en 400 millions d'années.*

- Les **premiers requins** chassaient des calmars, des petits poissons et des crustacés.
- De nos jours, les requins dominent la **chaîne alimentaire** des océans, mais ce n'était pas le cas pendant le Dévonien.
- Les **autres poissons** du Dévonien étaient beaucoup plus gros que les requins préhistoriques. *Dunkleosteus*, par exemple, dépassait 8 m et aurait pu mettre en pièce n'importe quel requin actuel en un éclair.

◄ Hybodus *était un requin préhistorique à la tête arrondie. Contemporain des dinosaures, il vécut entre -250 et -100 Ma. Il était assez similaire aux requins modernes, mais possédait des mâchoires très différentes.*

Les poissons osseux

- Les poissons osseux sont **dotés de squelettes** internes constitués d'os, et d'écailles externes formées de minces tissus osseux recouverts de plusieurs couches très fines d'autres matières. Les témoignages fossiles datent l'**apparition des premiers poissons osseux du Silurien supérieur**, il y a environ 420 Ma.
- L'évolution des poissons osseux a donné naissance au groupe de poissons le plus répandu et le plus diversifié. Il existe **deux types de poissons osseux** : les **actinoptérygiens** (poissons à nageoires rayonnées) et les **sarcoptérygiens**.
- Les espèces de **sarcoptérygiens** étaient nombreuses à l'époque préhistorique, mais seules quelques-unes subsistent de nos jours. Elles se répartissent en deux groupes : les dipneustes et les cœlacanthes. Les amphibiens, mais aussi les reptiles et les mammifères, ont évolué à partir des sarcoptérygiens.
- Les **actinoptérygiens,** ou poissons à nageoires rayonnées, ont été nommés ainsi en référence aux rayons osseux qui constituent l'armature de leurs nageoires. De petite taille, la plupart des tout premiers actinoptérygiens mesuraient entre 5 et 20 cm de long.
- ***Rhadinichthys*** et ***Cheirolepis*** faisaient partie des actinoptérygiens primitifs. Capables d'actionner leurs mâchoires de coups secs, ces petits prédateurs étaient d'excellents nageurs.
- **Vers -250 Ma**, les actinoptérygiens perdirent nombre des rayons osseux de leurs nageoires, ce qui eut pour effet de rendre celles-ci plus flexibles et d'améliorer la nage des poissons. Dans le même temps, de **nouveaux types d'actinoptérygiens**, les téléostéens, ont également commencé à développer une nageoire caudale plus symétrique et des écailles plus minces.

▼ *Ce cœlacanthe moderne est un descendant direct des sarcoptérygiens qui vécurent 350 millions d'années plus tôt. On pensait que les cœlacanthes s'étaient éteints, jusqu'à ce qu'un pêcheur en capture un spécimen au large des côtes de l'Afrique du Sud, en 1938.*

Des nageoires aux membres

- Les **premiers vertébrés terrestres** furent dénommés « tétrapodes ». Ils avaient besoin de membres pour soutenir leur corps et pour se déplacer en quête d'eau et de nourriture.

Le sais-tu ?

Disposer de nageoires particulières n'était pas la seule caractéristique qui conduisit les sarcoptérygiens à évoluer en animaux terrestres. Ils étaient également dotés de poumons leur permettant de respirer à l'air libre.

- Les **tétrapodes** ont évolué à partir des sarcoptérygiens.
- Le squelette fossile du sarcoptérygien ***Eusthenopteron*** montre que la structure osseuse interne de ses nageoires antérieures et postérieures était proche de celle, caractéristique, des membres des tétrapodes.
- Certains scientifiques pensaient qu'*Eusthenopteron* vivait dans des eaux peu profondes et utilisait ses nageoires comme des membres primitifs, afin de **se déplacer à terre quand l'eau manquait**. Mais d'autres soutiennent que ses nageoires étaient trop encombrantes pour se mouvoir dans une faible quantité d'eau.
- De récentes recherches suggèrent que ***Panderichthys***, un autre sarcoptérygien, se servait de ses nageoires comme de membres, encore plus efficacement qu'*Eusthenopteron*.
- Chez les **sarcoptérygiens**, les nageoires antérieures sont reliées à la ceinture scapulaire, tandis que les nageoires postérieures le sont à la ceinture pelvienne. Ces ceintures sont elles-mêmes rattachées à la colonne vertébrale.
- Grâce à ces liaisons au niveau du bassin et des « épaules », les **membres des futurs tétrapodes** étaient reliés au squelette.

- La **ceinture scapulaire** des sarcoptérygiens était également reliée à leur tête. Toutefois, la tête des tétrapodes se développa séparément de leurs épaules, auxquelles elle était raccordée par le cou.
- Disposer d'un cou constituait un **avantage considérable** pour les animaux terrestres. Il leur permettait de baisser, lever et tourner la tête, afin de regarder dans différentes directions.

▲ *Eusthenopteron utilisait ses nageoires pour se déplacer hors de l'eau.* Eusthenopteron, *qui signifie « nageoire robuste », était autrefois considéré comme l'ancêtre le plus voisin des tétrapodes. Cependant, les paléontologues ont récemment découvert d'autres poissons, notamment* Kenichthys, Dipnoi, Gogonasus *et* Panderichthys, *qui pourraient bien être de plus proches parents.*

Respirer de l'air

- Les poissons respirent l'**oxygène** présent dans l'eau grâce à leurs branchies. Hors de l'eau, ils étouffent.
- Pour **s'adapter à la vie sur la terre ferme**, les animaux devaient développer des poumons, afin de respirer de l'air.
- Les tétrapodes ne furent pas les **premiers organismes à développer des poumons** ; cette étape fut franchie avant eux par les sarcoptérygiens.
- Les **dipneustes** sont des sarcoptérygiens. Ils vivent dans des régions chaudes, et lorsque les rivières s'assèchent, ils s'enfouissent dans la vase et respirent grâce à leurs poumons.
- Les premiers tétrapodes tels qu'*Ichthyostega* et *Acanthostega* possédaient des **branchies** et des **poumons**, suggérant qu'ils étaient sans doute capables de respirer dans l'air comme dans l'eau.
- Les **tétrapodes** apparus ultérieurement respiraient grâce à des branchies à la naissance, mais comme chez les grenouilles et les tritons actuels, une fois à l'âge adulte, ces branchies s'atrophiaient pour être remplacées par des poumons.

Le sais-tu ?

Si les animaux ont pu évoluer pour vivre sur la terre ferme, c'est grâce à l'action des végétaux qui, pendant des millions d'années, ont produit de l'oxygène indispensable à la plupart des formes de vie.

- Les **amphibiens modernes** respirent également par la peau, molle et humide, ainsi que par les muqueuses de la bouche et du pharynx.
- Les **premiers tétrapodes** avaient une peau plus coriace, qui n'autorisait pas la respiration cutanée.

▼ *Les dipneustes préhistoriques disposaient de poumons, mais aussi de branchies. Comme les dipneustes modernes, ils pouvaient respirer de l'air si les étangs ou les rivières qu'ils habitaient venaient à s'assécher.*

Acanthostega

▲ Acanthostega *pourrait avoir évolué à partir de sarcoptérygiens semblables à* Eusthenopteron *et* Panderichthys. *Il partageait avec eux plusieurs caractéristiques, notamment un ensemble analogue de branchies et de poumons, ainsi qu'une nageoire caudale et une boîte crânienne.*

Le sais-tu ?

Acanthostega possédait à la fois des branchies pour respirer dans l'eau, et des poumons pour respirer à l'air libre.

- ***Acanthostega*** fut l'un des tout premiers tétrapodes. Il conservait néanmoins certains caractères primitifs propres aux poissons, ce qui semble indiquer qu'il avait des mœurs aquatiques.
- Les restes **fossiles d'*Acanthostega*** ont été mis au jour dans des strates rocheuses de la fin du Dévonien, datées d'il y a environ 365 Ma.
- *Acanthostega* **mesurait plus ou moins 1 m de long.** Ce tétrapode était pourvu d'un large appendice caudal, probablement parfait pour nager, mais gênant pour se déplacer sur la terre ferme.
- Les membres d'*Acanthostega* étaient bien développés, avec **huit doigts à chacune de ses pattes** antérieures et postérieures.
- Les **paléontologues**, qui pensaient que les tétrapodes n'avaient que cinq doigts à chaque patte, furent surpris de constater ce nombre.
- *Acanthostega* avait une **tête volumineuse et aplatie**, au sommet de laquelle étaient placées les orbites oculaires très proches l'une de l'autre.
- **Un fossile complet** mais décomposé d'*Acanthostega* a été découvert dans de vieux grès, au Groenland. Les paléontologues ont été contraints à de multiples précautions pour extraire ce fossile de la roche dure.

Les grenouilles et les salamandres

- Les **amphibiens modernes** comme les grenouilles, les crapauds, les salamandres et les tritons appartiennent tous au groupe des lissamphibiens.
- Les **lissamphibiens** ont évolué plus tardivement que les tétrapodes primitifs, probablement au cours du Permien supérieur, vers -260 Ma environ.
- ***Triadobatrachus*** vivait à Madagascar durant le Trias inférieur. Il mesurait 10 cm et son crâne ressemblait à celui d'une grenouille.
- **Mais l'évolution ne s'est pas arrêtée** à *Triadobatrachus*. Elle a privé les grenouilles modernes de quelques vertèbres supplémentaires et de leur appendice caudal.

- **Autre différence** : les membres postérieurs de *Triadobatrachus* étaient approximativement de la même taille que ses membres antérieurs, tandis que les membres postérieurs des grenouilles actuelles sont plus longs, afin d'optimiser leurs sauts.

Le sais-tu ?

Andrias scheuchzeri est une salamandre datant du Miocène (-23 à -5 Ma). Elle a été dénommée d'après le naturaliste suisse Johannes Scheuchzer, qui la découvrit en 1726.

- Les **premières salamandres** connues ont vécu pendant le Jurassique moyen (-174 à -163 Ma), en Chine, en Mongolie et au Kazakhstan. Elles mesuraient jusqu'à 20 cm environ, et possédaient un large crâne.

- Des fossiles de grenouilles et de salamandres d'apparence plus moderne ont été découverts à **Messel, en Allemagne**. Ils datent de l'Éocène inférieur, vers -50 Ma.
- Certains des fossiles de grenouilles de Messel ont les membres repliés, comme si les animaux avaient été figés au milieu d'un saut. Le gisement fossilifère de Messel abrite même des **têtards**.

◄ *Âgé d'environ 250 Ma,* Triadobatrachus *est la plus ancienne grenouille connue. On considérait jadis les grenouilles et les salamandres comme les descendants probables d'un groupe de temnospondyles amphibies appelés « dissorophidés », mais de récentes études ont remis en question cette théorie.*

Les premiers reptiles

- L'**évolution** des reptiles se fit à partir des amphibiens au cours du Carbonifère (-359 à -299 Ma).
- Contrairement aux amphibiens qui vivent généralement à proximité de l'eau pour y pondre leurs œufs, les reptiles sont beaucoup plus adaptés à **la vie sur la terre ferme.**

▲ Hylonomus, *qui signifie « souris de la forêt », est le plus ancien reptile connu à ce jour. Des chasseurs de fossiles ont déniché ses restes dans des souches d'arbres pétrifiées, à Joggins en Nouvelle-Écosse (Canada).*

- En comparaison des amphibiens, les reptiles possédaient des **membres mieux adaptés à la marche,** un système de circulation sanguine plus efficace et de plus gros cerveaux.
- Leurs mâchoires, plus puissantes que celles des amphibiens, en faisaient de **redoutables prédateurs**. Les reptiles archaïques se nourrissaient de mille-pattes, d'araignées et d'insectes.
- L'**un des tout premiers reptiles** fut *Hylonomus*, un petit animal qui vécut au cours du Carbonifère supérieur, entre -315 et -310 Ma.
- ***Hylonomus*** peuplait les forêts et le bord des lacs et des rivières. Ses restes fossiles ont été localisés à l'intérieur de souches de lycopodes géants, elles-mêmes fossilisées.
- ***Paleothyris*** était un autre reptile primitif. Comme *Hylonomus*, il mesurait environ 20 cm de long, et sa tête était plus petite que celle des amphibiens.
- Découvert en Écosse dans les années 1980, Westlothiana lizziae est un animal susceptible de représenter un **stade intermédiaire d'évolution** entre les amphibiens et les reptiles.
- ***Westlothiana lizziae*** vécut au cours du Carbonifère, vers -335 Ma.
- Les paléontologues ont d'abord pensé que *Westlothiana lizziae* était le **plus ancien de tous les reptiles**. Cependant, sa colonne vertébrale, sa tête et ses membres ressemblent plus à ceux d'un amphibien.

Les œufs

- Les œufs des reptiles ont constitué une **avancée majeure de l'évolution**, par rapport aux œufs des amphibiens.
- À l'instar de leurs descendants actuels, les premiers amphibiens pondaient leurs œufs dans l'eau. Autrement, leurs **œufs recouverts de mucus**, comme le frai de la grenouille moderne, se seraient desséchés sur la terre ferme.
- L'évolution a conduit les reptiles à produire des **œufs enveloppés d'une coquille protectrice**. Ils pouvaient ainsi les pondre à terre sans risque de dessèchement.

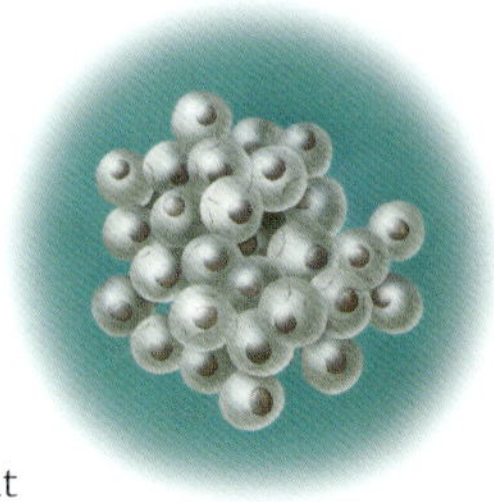

▲ *« Frai » est le nom donné à la ponte des grenouilles, constituée de paquets d'œufs prenant la forme de masses gélatineuses.*

▲ *Cette femelle serpent assure la protection de ses œufs, une mission qu'il est plus facile d'accomplir à terre que dans l'eau.*

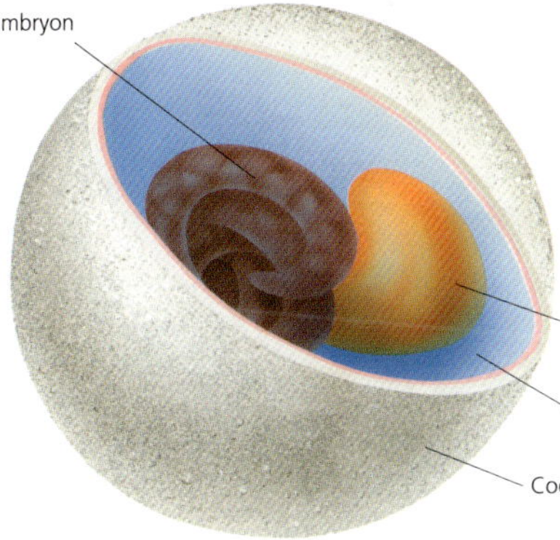

▶ *Les reptiles se sont affranchis du lien entre reproduction et eau, en pondant des œufs à coquille dure sur la terre ferme. Cet œuf de serpent abrite un petit en cours de développement (l'embryon), une réserve de nourriture (le jaune) et un fluide protecteur (le liquide amniotique).*

- L'**un des avantages des œufs à coquille** était que les reptiles n'avaient plus l'obligation de retourner dans l'eau pour pondre.
- Un autre atout était qu'à terre, les reptiles pouvaient **cacher leurs pontes**. Les œufs pondus dans l'eau sont une proie facile pour les animaux affamés.
- Les embryons de reptile achèvent toutes les phases de leur **croissance à l'intérieur de l'œuf**. Quand ils éclosent, ils ont l'air d'adultes miniatures.
- Au contraire, les petits amphibiens éclosent sous la **forme de larves**, comme les têtards. Ces larves commencent par vivre dans l'eau et respirent à l'aide de branchies, avant de développer des poumons.
- Les coquilles des œufs de reptile sont dures afin de protéger les embryons tout au long de leur croissance. Les œufs contiennent la **réserve de nourriture** nécessaire au développement de l'embryon.
- Certains **tétrapodes** pondaient à terre des œufs recouverts de mucus.
- Encore de nos jours, plusieurs amphibiens déposent sur la terre ferme leurs **œufs enveloppés de mucus**, notamment certaines grenouilles tropicales et salamandres de montagne.

Les crânes

- Les **mâchoires des reptiles** constituent un témoignage de l'évolution de ces animaux par rapport aux amphibiens.
- Les **mâchoires des amphibiens** sont conçues pour opérer des mouvements secs d'ouverture et de fermeture, pas pour mordre fermement.
- En revanche, les **mâchoires plus musculeuses des reptiles** leur permettait de les actionner avec plus de puissance. Ils pouvaient ainsi briser les carapaces des insectes et mâcher les tiges coriaces de certaines plantes.
- Au cours du Carbonifère supérieur, vers -300 Ma, les reptiles développèrent de **nouvelles ouvertures crâniennes**, à l'arrière des orbites oculaires. Ces fosses temporales fournissaient un espace supplémentaire pour l'insertion de muscles de mâchoire en plus.
- Les reptiles ont développé **quatre types de crânes**, chacun étant caractéristique d'un groupe différent.
- Le **crâne des anapsides** ne présentait pas d'ouvertures autres que celles des orbites. Les tortues actuelles sont des anapsides.
- Les **euryapsides** étaient dotés d'une fosse temporale haute de chaque côté du crâne. Les reptiles

marins comme les ichthyosaures et les plésiosaures étaient des euryapsides. Aucun descendant de ce groupe ne subsiste de nos jours.

- Les **synapsides** possédait également une fosse temporale, mais placée au bas du crâne, de chaque côté. Les reptiles mammaliens et les mammifères sont issus de ce groupe.

Le sais-tu ?

Les plantes ont développé des tiges et des feuilles coriaces, ainsi que des épines et des poisons pour se protéger des reptiles affamés.

- Les **diapsides** sont dotés de deux fosses temporales situées l'une au-dessus de l'autre de chaque côté du crâne. Les dinosaures et les ptérosaures étaient des diapsides, ce que sont aussi les crocodiles, les lézards, les serpents et les oiseaux modernes.

▼ Varanosaurus *était un reptile de type synapside. Il mesurait 1 m de long, et vécut en Amérique du Nord au cours du Permien, entre -280 et -260 Ma.*

Les synapsides

- Les synapsides étaient des tétrapodes dotés d'une **fosse temporale** derrière l'orbite oculaire, de chaque côté de la région inférieure du crâne, où venaient se fixer les muscles de la mâchoire.
- Ils ont fait leur **apparition au cours du Carbonifère**, vers -310 Ma, et ont dominé le milieu terrestre pendant le Permien (-299 à -251 Ma).
- Les synapsides sont les **ancêtres des mammifères**, ce qui explique pourquoi on les décrit parfois comme des reptiles mammaliens.
- Les **pélycosaures** ont représenté les premiers synapsides. C'étaient de grands animaux au corps lourd, qui se déplaçaient un peu à la manière les crocodiles actuels.
- Tous deux **hérissés d'une voilure dorsale**, le redoutable carnivore *Dimetrodon* et l'herbivore *Edaphosaurus* étaient des pélycosaures.
- Apparus ultérieurement, **les thérapsides étaient des synapsides** pourvus de mâchoires et d'un crâne plus gros que ceux des pélycosaures, ainsi que de membres plus longs et d'une queue plus courte.
- Les thérapsides sont divisés en **deux sous-groupes** : les dicynodontes et les cynodontes. *Dicynodonte* signifie « deux dents de chien », tandis que *cynodonte* signifie « dent de chien ».
- **Les dicynodontes étaient herbivores**. La plupart avaient un corps volumineux comparable à celui d'un hippopotame, ainsi qu'un bec, qu'ils utilisaient pour couper les tiges des végétaux.

- **Les cynodontes étaient carnivores**. Leur mâchoire comportait des dents de différentes formes, chacune étant adaptée à une fonction spécifique, telle que transpercer, mordre ou mastiquer.
- Certains cynodontes arboraient des **moustaches**, et il est même possible qu'ils aient eu le sang chaud, à l'instar les mammifères.

▼ Diictodon *était un reptile mammalien qui vécut vers -255 Ma. Herbivore et fouisseur, il constituait une forme avancée de synapside de type dicynodonte.*

Les crocodiliens

- Le vaste groupe rassemblant tous les crocodiles vivants et disparus, les **crocodylomorphes**, est apparu entre -260 et -255 Ma environ, vers la fin du Permien.
- Les premiers véritables crocodiles sont nés au cours du Trias supérieur (-220 à -201 Ma). Appelés « **protosuchiens** », ils vivaient dans les étangs et les rivières.
- Comme son nom l'indique, ***Protosuchus*** était un protosuchien. Doté d'un crâne court et de dents pointues, il ressemblait probablement beaucoup à un crocodile moderne.
- Les **autres crocodiles primitifs**, comme *Terrestrisuchus*, présentaient une moindre ressemblance avec les crocodiles modernes.

- ***Terrestrisuchus*** possédait un corps bref et de longues pattes. Son nom signifie « crocodile terrestre », parce que les paléontologues ont estimé qu'il passait sans doute plus de temps à terre que dans l'eau.
- Le groupe de crocodiliens qui évolua ensuite fut celui des **mésoeucrocodyliens**, qui vivaient dans l'océan.
- ***Metriorhynchus* était un mésoeucrocodylien marin**. Il était muni de nageoires au lieu de pattes, et ses dents étaient effilées pour se planter dans la chair des poissons dont il se nourrissait. Il vécut durant le Jurassique supérieur, autour de -160 Ma.

◄ *Les fossiles de* Protosuchus, *qui signifie « premier crocodile », ont été découverts en Arizona. Ils datent de près de 200 Ma. Ses membres étaient beaucoup plus longs que les crocodiles d'aujourd'hui.*

- Le **sous-groupe des eusuchiens** comprend tous les crocodiles, alligators, gavials et caïmans modernes.
- Avec ses 11 m de long, ***Deinosuchus***, qui vécut entre -80 et -73 Ma, était considéré comme le plus grand crocodile de tous les temps, jusqu'à la découverte récente de fossiles de *Sarcosuchus*.

Le sais-tu ?

Les crocodiles modernes sont considérés comme des fossiles vivants. Ils ressemblent beaucoup aux crocodiles qui vivaient il y a 100 Ma.

Les tortues

▼ Proganochelys, *un ancien parent des tortues modernes, était doté d'une carapace de 60 cm de long, mais il ne pouvait pas rentrer ses pattes ni sa tête à l'intérieur.*

- Les **tortues aquatiques** et les **tortues terrestres** sont toutes pourvues d'une carapace qui recouvre leur corps et le protège. Elles appartiennent à un groupe de reptiles appelés « chéloniens ».
- Les carapaces des **chéloniens** seraient le produit d'une transformation progressive (dans le sens d'un élargissement) des côtes de leurs lointains ancêtres.
- Découverts en Allemagne et en Thaïlande, les tout premiers **fossiles de chéloniens** datent du Trias moyen, vers -220 Ma.
- ***Proganochelys*** est l'un des plus anciens chéloniens.
- *Proganochelys* avait une **carapace compacte et renforcée** à la jonction entre les parties dorsale et ventrale. Il semble cependant qu'elle ne pouvait rétracter à l'intérieur ni sa tête, ni ses pattes, ni sa queue, par ailleurs hérissées de protubérances osseuses.
- L'**aptitude à rentrer la tête**, les pattes et la queue à l'intérieur de leur carapace est essentielle, pour permettre aux tortues de bénéficier d'une protection maximale.

Le sais-tu ?

Les tortues ont développé un bec édenté pour découper les végétaux et la chair de leurs proies.

- C'est peut-être grâce à leur carapace protectrice que **les tortues ont survécu à la fin du Crétacé**, vers -66 Ma, alors que tant d'autres reptiles s'éteignaient.
- Les **tortues terrestres** possèdent une plus grosse carapace que les tortues aquatiques, probablement parce qu'elles **sont plus lentes à se déplacer**, ce qui les rend plus vulnérables et nécessite une meilleure protection.
- Un grand nombre et une **large variété de fossiles de tortues** datant du Miocène (-23 à -5 Ma) ont été découverts à Riversleigh, en Australie.

▶ *Les fossiles d'*Archelon *montrent que cette tortue ressemblait beaucoup aux tortues luths modernes, mais avec ses 4 m de long, elle était d'un gabarit très supérieur. Ses membres antérieurs étaient des palettes natatoires de plus grande taille que ses membres postérieurs, témoignant de son adaptation aux déplacements aquatiques.*

Les serpents

- On date habituellement l'apparition des serpents entre -120 et -110 Ma. ***Dinilysia***, dont on a retrouvé des fossiles en Argentine, vécut durant le Crétacé supérieur, environ 80 Ma avant notre ère.
- Il existe des **fossiles d'animaux primitifs semblables à des serpents**. Toutefois, les paléontologues considèrent généralement que ce n'était pas des serpents, mais d'autres reptiles.
- **Les ancêtres des serpents étaient des lézards**. Les scientifiques pensent qu'il s'agissait de lézards varanidés, comme le varan moderne.
- Les serpents font partie des rares animaux terrestres ***dépourvus de membres***, néanmoins parvenus à survivre et à prospérer.
- **Les fossiles de serpents sont plus rares** que ceux des autres reptiles, parce que leurs os sont fragiles, et ont donc du mal à se fossiliser.

Le sais-tu ?

Les serpents sont l'un des rares groupes de reptiles à avoir franchi les principales étapes de leur évolution après l'époque des dinosaures.

- Les serpents se sont diversifiés en de nombreuses espèces pendant le Paléogène (-66 à -23 Ma). Il existe **aujourd'hui plus de 3 400 espèces de serpents**, qui peuplent quasiment tous les types d'habitats.
- Les fossiles vieux de 50 Ma, retrouvés à Messel en Allemagne, comprennent les vestiges bien préservés de *Palaeopython*, un **python primitif** de 2 m de long.
- Les premiers serpents tuaient leurs proies par **constriction** : ils s'enroulaient autour d'elles en les serrant pour les étouffer. Les pythons et les boas modernes utilisent également cette méthode.
- Les **serpents venimeux**, tels que les vipères et les cobras, ne sont apparus qu'au Miocène (-23 à -5 Ma).

▲ *Certains scientifiques soutiennent que les serpents modernes, comme ce python-tapis, sont apparentés à des reptiles marins préhistoriques, les mosasaures. Comme les serpents, les mosasaures étaient dotés de membres courts et d'un corps long et souple.*

Les placodontes

- Après s'être si bien **adaptés à la vie sur la terre ferme**, certains groupes de reptiles ont évolué en animaux aquatiques.
- Les placodontes furent les **premiers reptiles aquatiques**. Ils vécurent au cours du Trias, entre -251 et -201 Ma environ.
- ***Placodonte* signifie « dent plate »**. Ces reptiles étaient dotés de dents spécialisées qui fonctionnaient comme de grandes plaques broyeuses.
- **Les placodontes sont apparus** à peu près au même moment qu'un autre groupe de reptiles aquatiques, les nothosaures.
- Ils avaient un **corps plus court et plus robuste** que celui des nothosaures, mais comme eux, leur groupe ne survécut pas longtemps.
- ***Placodus*** était un placodonte. Il avait un corps et des membres trapus. Ses doigts étaient palmés et sa longue queue compressée latéralement, pour faciliter ses déplacements dans l'eau.

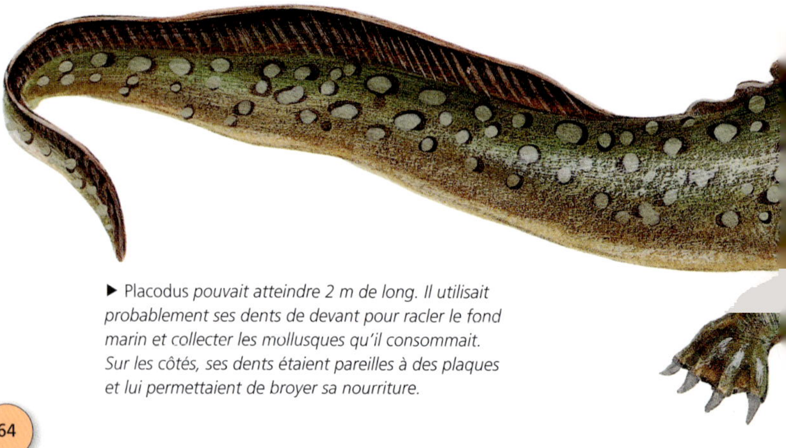

▶ Placodus *pouvait atteindre 2 m de long. Il utilisait probablement ses dents de devant pour racler le fond marin et collecter les mollusques qu'il consommait. Sur les côtés, ses dents étaient pareilles à des plaques et lui permettaient de broyer sa nourriture.*

- **Placodus signifie également « dent plate »**. L'animal utilisait probablement ses dents plates pointant hors de sa bouche pour racler les mollusques sur les rochers.
- ***Psephoderma*** était un petit placodonte semblable à une tortue. Son dos était protégé par une carapace segmentée, et sa région ventrale par des plaques osseuses appelées « gastralia ».
- **Comme les tortues aquatiques**, *Psephoderma* était également doté d'un bec corné et de palettes natatoires.
- ***Henodus*** était un autre placodonte d'aspect proche d'une tortue. Il avait aussi un bec, qu'il utilisait probablement pour capturer les mollusques au fond de l'eau.

Les nothosaures

- Les nothosaures forment l'un des groupes de **reptiles retournés vivre dans l'eau**.
- Comme son nom l'indique, ***Nothosaurus*** était un nothosaure. Son cou, sa queue et son corps étaient longs et souples.
- Il existait **plusieurs espèces de *Nothosaurus***. On estime que la plus grande d'entre elles, récemment mise au jour en Chine, mesurait entre 5 et 7 m.
- Certains fossiles de *Nothosaurus* montrent que l'animal avait les **pattes palmées**.
- Les mâchoires de *Nothosaurus* comportaient des **dents effilées profondément enracinées**, qui lui permettaient de croquer les poissons et les crevettes dont il se nourrissait.
- ***Ceresiosaurus*** était lui aussi un nothosaure. Les paléontologues pensent qu'il nageait en ondulant à la manière d'un poisson.

- Son nom signifie **« lézard de Ceresio »**. Ce reptile était aussi long que la plupart des *Nothosaurus*, soit environ 3 à 4 m, mais sa silhouette était plus élancée.
- Les nothosaures sont apparus peu après **le début du Trias**, vers -250 Ma, mais ils se sont éteints avant la fin de cette période.
- La place laissée vacante par les nothosaures disparus fut vite occupée par les **plésiosaures**, un autre groupe de reptiles mieux adaptés à la vie aquatique.

▼ Nothosaurus *était un reptile aquatique capable d'utiliser ses pattes palmées pour se déplacer sur la terre ferme. Les nothosaures dotés d'un long cou furent probablement les ancêtres des plésiosaures, également nombreux à en être pourvus.*

Le sais-tu ?

Nothosaurus avait ses narines sur le dessus du museau, ce qui suggère qu'il remontait à la surface pour respirer, comme les crocodiles

Les plésiosaures

- Les plésiosaures étaient un **groupe de reptiles marins très répandus**, qui vécurent du Trias supérieur à la fin du Crétacé supérieur (-230 à -66 Ma).
- Ils étaient **mieux adaptés à la vie marine** que les nothosaures et les placodontes. Leurs membres formaient d'efficaces palettes natatoires, qui propulsaient leur corps bref dans l'eau avec une grande rapidité.
- De nombreux plésiosaures possédaient un **cou long et souple**. Leurs petites têtes étaient munies de mâchoires puissantes, aux dents pointues.
- **Ces reptiles marins se nourrissaient de poissons**, de calmars et probablement de ptérosaures, des reptiles aériens qui survolaient la surface de l'eau en quête de nourriture.
- Le **premier fossile de *Plesiosaurus*** fut découvert par la paléontologue amateur Mary Anning, au début du XIXe siècle à Lyme Regis, sur la côte sud de l'Angleterre. Désormais conservé au Musée d'histoire naturelle de Londres, ce fossile mesure 2,30 m de long.

Le sais-tu ?

L'immense pliosaure Liopleurodon atteignait 10 à 12 m de long. Il fut l'un des plus gros animaux marins de son temps.

- *Plesiosaurus* n'était **pas particulièrement rapide**. Il actionnait ses membres semblables à des nageoires pour se déplacer dans l'eau, mais son appendice caudal peu puissant n'ajoutait rien à sa propulsion.

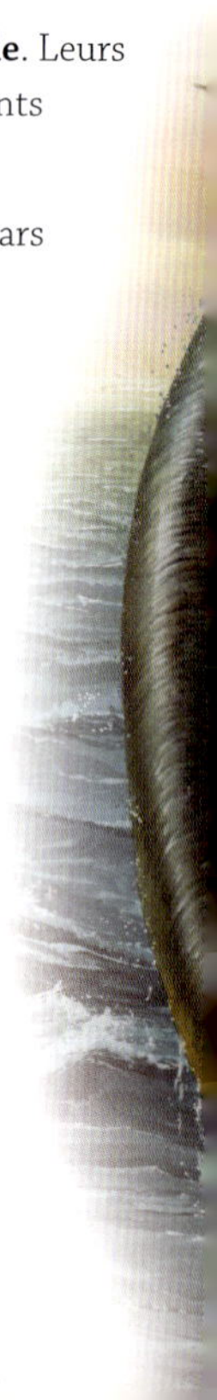

▶ *Le plésiosaure au long cou* Elasmosaurus *fut l'un des derniers plésiosaures. Il vivait en mer peu profonde il y a environ 80 Ma.*

- ***Elasmosaurus***, le plus grand de tous les plésiosaures, pouvait atteindre 14 m de long et dépasser 2 tonnes.
- Les plésiosaures se subdivisaient en plusieurs groupes, notamment les **pliosaures**. Ces derniers possédaient des cous considérablement plus courts et des têtes plus volumineuses, équipées de gigantesques mâchoires, garnies de dents énormes.
- Les recherches suggèrent que les plésiosaures capturaient leurs proies en **projetant brusquement leur tête** vers elles comme un harpon.

Les ichthyosaures

- Les ichthyosaures présentaient des **similitudes avec les requins**, qui sont pourtant des poissons, et avec les dauphins apparus plus tard et qui, eux, sont des mammifères. Quand un animal en vient à ressembler à un autre d'un groupe différent, les scientifiques parlent de « convergence évolutive ».
- À la différence des plésiosaures, qui se propulsaient à l'aide de leurs pattes analogues à des pagaies, les ichthyosaures **faisaient onduler leur nageoire caudale, comme les poissons**.
- On a découvert des centaines de squelettes de l'ichthyosaure ***Ichthyosaurus***. Ce reptile pouvait mesurer jusqu'à 2 m de long et peser 90 kg.
- Certains squelettes fossilisés d' ichthyosaures renfermaient des embryons. Cela indique que ces animaux **ne pondaient pas d'œufs**, mais donnaient naissance à des petits déjà formés.
- Mesurant plus de 20 m de long et pesant possiblement quelque 25 tonnes, ***Shastasaurus*** fut l'**un des plus gros ichthyosaures** en Australie.

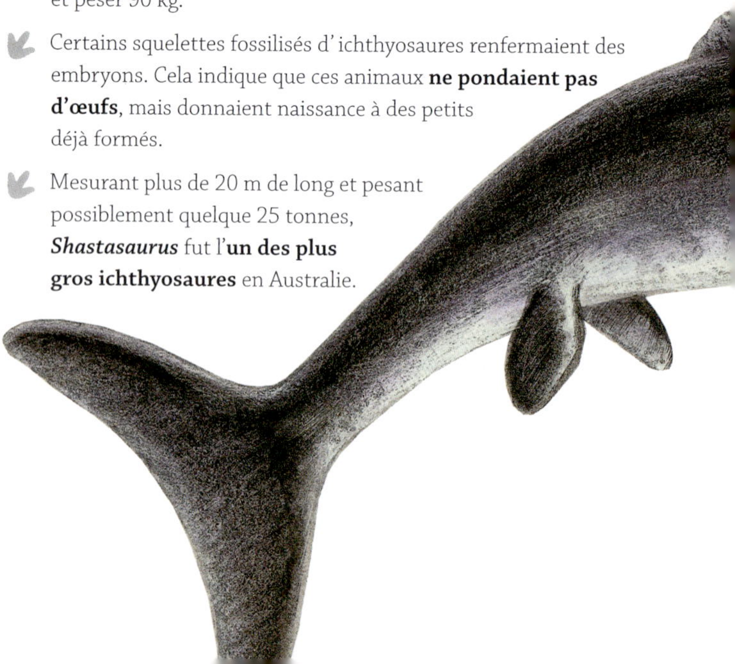

- Très répandus **pendant le Trias et le Jurassique** (-251 à -145 Ma), les ichthyosaures se firent plus rares au Jurassique supérieur et durant le Crétacé, jusqu'à disparaître il y a 66 Ma.
- Le mot *ichthyosaure* signifie **« poisson-lézard »**.
- Les chasseurs de fossiles ont découvert des restes d'ichthyosaures **partout dans le monde** : en Amérique du Nord, en Amérique du Sud, en Europe, en Russie, en Inde et en Australie.

Le sais-tu ?

Le premier fossile d'Ichthyosaurus fut trouvé en 1811 par la chasseuse de fossiles anglaise Mary Anning. Puis, il fallut attendre sept ans pour que les scientifiques identifient ce squelette comme étant celui d'un reptile.

▲ *Les fossiles de reptiles marins préhistoriques comme* Ichthyosaurus *faisaient sensation au début du XIXe siècle, car les chasseurs de fossiles n'avaient pas encore trouvé les premiers restes de dinosaures.*

Les mosasaures

- Un autre **groupe de grands reptiles marins** était celui des mosasaures. Leur émergence date d'environ -100 à -140 Ma, au moment où les ichthyosaures se raréfiaient.
- Les mosasaures étaient des **reptiles de type diapside**, un groupe comprenant les dinosaures et les ptérosaures. La plupart des autres grands reptiles marins appartenaient à un groupe différent, celui des euryapsides.
- Au contraire des autres reptiles marins préhistoriques géants, la **lignée des mosasaures a survécu**. Les varans actuels, comme le dragon de Komodo, seraient leurs descendants.
- Le mosasaure *le mieux connu est* ***Mosasaurus***, qui pouvait atteindre 15 m de long et peser près de 20 tonnes.
- Les **énormes mâchoires** de Mosasaurus étaient hérissées de dents coniques, chacune étant dotée de contours et de reliefs différents selon sa fonction. Certaines servaient à couper, d'autres à broyer. Cette denture était la plus perfectionnée de toutes celles des reptiles marins.
- Les **dents** de *Mosasaurus* étaient si particulières que les paléontologues ont pu identifier leurs marques sur les fossiles d'autres animaux, notamment ceux de la tortue géante *Allopleuron*.
- Les mâchoires d'un Mosasaurus furent extraites d'une **mine de calcaire à Maastricht, aux Pays-Bas**, dans les années 1770. Ce fossile disparut en 1795, quand les Français envahirent Maastricht, mais réapparut par la suite à Paris.
- Les scientifiques ont d'abord pensé que ces mâchoires appartenaient à une baleine ou à un crocodile préhistorique, jusqu'à ce qu'ils déterminent que c'était celle d'un **lézard géant**.

- Mosasaurus signifie **« lézard de la Meuse »**, car il a été découvert à Maastricht aux Pays-Bas, où coule le fleuve « la Meuse ».
- En 1998, **plus de deux siècles après** la découverte du premier fossile de *Mosasaurus*, les paléontologues en ont mis au jour un autre, au même endroit, dans les carrières de la montagne Saint-Pierre à Maastricht.

▼ Mosasaurus *était un nageur rapide, équipé d'un énorme appendice caudal et de membres en forme de pagaies, qui lui servaient probablement à se diriger.*

Les premiers ptérosaures

- Les premiers ptérosaures, des reptiles volants, étaient les **rhamphorhynchoïdes**. Ils ont fait leur apparition au cours du Trias moyen, entre -230 et -220 Ma environ.
- Les rhamphorhynchoïdes avaient de **longues queues parachevées par une plaque en forme de losange**. Cet appendice leur conférait un vol stable, favorisant leur élévation dans les airs et la possibilité de descendre en piqué.
- L'un des premiers rhamphorhynchoïdes, qui fut aussi l'un des premiers vertébrés volants, était ***Peteinosaurus***.
- Des **fossiles bien conservés** de *Peteinosaurus* ont été découverts près de Cene, dans la province de Bergame, en Italie. Ils révèlent que l'animal disposait de dents coniques tranchantes, suggérant qu'il se nourrissait d'insectes capturés en vol.
- À l'inverse, un autre rhamphorhynchoïde primitif, ***Eudimorphodon***, possédait des crocs à l'avant de la bouche, et d'autres plus petits et très pointus à l'arrière. Cela laisse penser qu'il consommait des poissons.
- ***Dimorphodon*** était un rhamphorhynchoïde apparu plus tard, au cours du Jurassique inférieur (-201 à -175 Ma). Il avait une tête énorme ressemblant un peu à celle d'un macareux.
- ***Rhamphorhynchus*** fut l'un des derniers rhamphorhynchoïdes. Il émergea pendant le Jurassique supérieur, vers -160 Ma.

Le sais-tu ?

À Solnhofen, en Allemagne, des chasseurs de fossiles ont trouvé des vestiges de Rhamphorhynchus aux côtés de ceux de l'oiseau primitif Archaeopteryx.

▼ Rhamphorhynchus *possédait de longues mâchoires étroites, hérissées de dents acérées pointant vers l'extérieur, qu'il utilisait probablement pour agripper les poissons, ses proies.*

▶ Dimorphodon *avait une envergure d'environ 1,50 m et une longueur totale de 1 m. Les paléontologues pensent qu'il résidait et chassait le long du littoral et des cours d'eau.*

Les ptérosaures

- Les **ptérodactyles** constituent un groupe tardif de ptérosaures, des reptiles volants apparus après les rhamphorhynchoïdes.
- Ils ont vécu du **Jurassique supérieur au Crétacé supérieur** (-160 à -66 Ma environ).
- Malgré l'**absence d'une longue queue pour stabiliser leur vol**, comme chez les rhamphorhynchoïdes, les ptérodactyles volaient probablement avec plus d'efficacité. Ils étaient sans doute capables de changer brusquement de trajectoire.
- Ces ptérosaures plus évolués étaient également **beaucoup plus légers** que les rhamphorhynchoïdes, grâce à leurs os en partie creux.
- Le ptérodactyle ***Pterodactylus*** et le rhamphorhynchoïde *Rhamphorhynchus* étaient d'un gabarit comparable, mais *Pterodactylus* **ne pesait que de 1 à 5 kg**, tandis que *Rhamphorhynchus* avoisinait 10 kg.
- Apparus au cours du Crétacé, certains des plus grands ptérodactyles déployaient une envergure proche de 11 m. Parmi eux, ***Pteranodon*** **dépassait parfois 5 m**.

- Contrairement aux reptiles volants qui l'avaient précédé, *Pteranodon* était **dépourvu de dents**. Pour capturer les poissons dont il se nourrissait, il se servait de son **bec long et mince** comme d'une cuillère pour écoper.

- Sur la partie inférieure de la bouche, une **poche, analogue à celle d'un pélican**, permettait possiblement à *Pteranodon* de conserver ses proies avant de les avaler.
- ***Pteranodon* pesait plus de 20 kg.** Il était donc plus lourd que les ptérodactyles primitifs, ce qui suggère qu'il favorisait peut-être le vol plané au détriment du vol battu.
- La **longue crête osseuse** arborée par *Pteranodon* au sommet de la tête lui servait probablement de gouvernail pour orienter sa trajectoire de vol.

▲ *D'une envergure supérieure à 6 m, la plus grande espèce de* Pteranodon *colonisait le ciel il y a environ 80 à 88 Ma. Elle se nourrissait des poissons, qu'elle pêchait dans les mers peu profondes qui recouvraient alors la majeure partie de l'Amérique du Nord.*

Les dinosaures

Leurs ancêtres

- Les paléontologues émettent des **avis partagés** quant au groupe de reptiles l'origine des dinosaures.
- Les tout premiers dinosaures étaient dotés de **membres postérieurs puissants** pour marcher et courir, ce qui était probablement le cas de leurs ancêtres aussi.
- Les **thécodontes**, dont l'appellation signifie que leurs dents étaient implan dans des alvéoles de la mâchoire, étaient autrefois considérés comme le gro rassemblant les ancêtres des dinosaures. Aujourd'hui toutefois, on estime q ce regroupement n'a plus de fondement scientifique.
- Il existe par ailleurs toutes sortes de **petits reptiles** élancés, bipèdes (qui se déplacent sur leurs membres postérieurs) et dotés de dents acérées, susceptibles de ressembler aux ancêtres des dinosaures.
- ***Largerperton*** était un petit animal de 80 cm de long, qui vivait en Argentir entre -242 et -235 Ma.
- Découvert lui aussi en Argentine, ***Marasuchus*** était semblable, mais encore plus petit, ne mesurant plus ou moins que 50 cm de long.

Le sais-tu ?

Les tout premiers dinosaures connus étaient originaires d'Amérique du Sud, leurs ancêtres probablement aussi.

- ***Lagosuchus*** était un autre petit prédateur d'environ 30 cm de long, originaire de la mê région. On en connaît deux espèces, mais certains scientifiques jugent l'une d'elles co étant *Marasuchus*.
- Considéré par certains paléontologues com de la lignée des dinosaures, ***Euparkeria*** vivait en Afrique du Sud a environ 240 Ma. Ses membres postérieurs n'étaient pas aussi développés ceux d'autres reptiles comparables de son époque.

▼ *Les crocodiles et les alligators actuels appartiennent au groupe des archosaures, le même groupe de reptiles réunissant déjà les dinosaures et les ptérosaures. Cela signifie qu'ils partagent les mêmes ancêtres, à plus de 230 millions d'années d'aujourd'hui.*

Les premiers dinosaures

- Les premiers dinosaures ont émergé environ 230 Ma avant notre ère, durant le **Trias moyen**.
- Ces dinosaures étaient des carnivores de petite taille ou de taille moyenne, dotés de **dents et de griffes acérées**. Ils couraient rapidement grâce à leurs membres postérieurs puissants et plus longs que leurs membres antérieurs.
- Datés d'environ -230 Ma, les fossiles d'***Herrerasaurus***, un carnivore archaïque, ont été découverts près de San Juan, en Argentine, en Amérique du Sud.

▲ *En 1988, la découverte d'un crâne complet et de fragments de squelette ont fourni assez d'informations pour permettre une reconstition complète d'*Herrerasaurus.

- *Herrerasaurus* atteignait environ **3 à 5 m de long** , et pesait probablement entre **200 et 250 kg**.
- Peut-être un peu plus tôt, vers -231 Ma, et au même endroit qu'*Herrerasaurus*, vivait un dinosaure d'aspect très proche, ***Eoraptor***. Mais ce dinosaure ne mesurait que 1 à 1,5 m de long, et pesait autour de 10 kg.
- *Eoraptor* signifie **« voleur de l'aube »** ou « voleur primitif ».
- ***Staurikosaurus*** était un carnivore semblable à *Herrerasaurus*. Il peuplait l'actuel Brésil, en Amérique du Sud, il y a environ 225 Ma.
- ***Procompsognathus*** était un autre carnivore primitif. Il vivait en Allemagne au Trias supérieur, il y a quelque 210 Ma.
- ***Pisanosaurus*** fréquenta l'Argentine pendant le Trias supérieur. Il était peut-être herbivore et mesurait environ 1 m de long.

Le sais-tu ?

Eoraptor et Herrerasaurus chassaient de petits animaux, comme des lézards et d'autres reptiles leur ressemblant, ainsi que des insectes.

Coelophysis

- *Coelophysis* était un petit dinosaure agile, qui vécut au début de l'ère des dinosaures, entre **-220 et -200 Ma environ**.
- Le **premier fossile** de *Coelophysis* fut découvert à Ghost Ranch, au Nouveau-Mexique (États-Unis), en 1881. D'autres furent mis au jour sur le site en 1947 et constituent une collection significative.

- Les centaines de *Coelophysis* fossilisés trouvés ensemble à Ghost Ranch indiquent qu'il s'agissait peut-être d'un **troupeau noyé** lors d'une inondation.
- *Coelophysis* signifie « forme creuse ». Ce dinosaure a été ainsi nommé parce que certains de **ses os étaient creux**, comme ceux des oiseaux, ce qui lui conférait un squelette léger.

- *Coelophysis* atteignait près de **3 m de long** de la pointe du museau à l'extrémité de la queue, mais à cause de ses os en partie creux, il n'excédait probablement pas 45 kg.
- Il appartenait à un groupe de dinosaures essentiellement carnivores, les **théropodes**. Il se nourrissait possiblement de petits animaux, tels que des insectes, des vers et des lézards.

◄ *Dressé sur les longs membres postérieurs,* Coelophysis *ne serait arrivé qu'à mi-hauteur d'un humain adulte debout, à cause de son port horizontal.*

- Grâce à ses membres postérieurs bien développés, *Coelophysis* était un **coureur rapide**.
- Ses membres antérieurs lui tenaient lieu de bras. À leur extrémité, ses pattes comportaient trois gros doigts puissants, munis de **griffes affûtées** pour crocheter ses proies, ainsi qu'un doigt plus petit non fonctionnel.
- Son crâne comparable à celui d'un oiseau possédait des mâchoires hérissées de plus d'une **centaine de dents pointues**, dentelées et tranchantes.

Dilophosaurus

- *Dilophosaurus* était un **grand théropode carnivore**, qui vécut entre -195 et -190 Ma environ.
- On a mis au jour des fossiles de *Dilophosaurus* en **Arizona**, et peut-être dans d'autres régions des États-Unis.

- Les fossiles d'Arizona furent découverts en 1940, par **Jesse Williams**, un Amérindien navajo.
- L'étude de ces fossiles se révéla très compliquée, et le dinosaure ne reçut son **nom officiel qu'en 1970**.
- *Dilophosaurus* mesurait environ **6 m**, du bout de son museau à l'extrémité de sa très longue queue.
- *Dilophosaurus* signifie « **lézard à deux crêtes** ». En effet, ce reptile était doté de deux crêtes osseuses peu épaisses et arrondies, au sommet de la tête.
- Ces crêtes n'étaient toutefois **pas assez robustes** pour constituer une arme de combat.
- Il est possible qu'elles aient été recouvertes d'une **peau de couleur vive**, susceptible d'être un signal visuel à l'adresse de ses rivaux et de ses ennemis.

▶ Dilophosaurus *fut l'un des premiers grands dinosaures prédateurs découverts, grâce aux fossiles.*

Le sais-tu ?

Dilophosaurus pouvait peser plus de 500 kg, soit le même poids que les plus gros ours polaires modernes.

Eustreptospondylus

- *Eustreptospondylus* était un **grand carnivore**, qui vécut dans l'Angleterre actuelle, dans les régions de l'Oxfordshire et du Buckinghamshire, approximativement entre -165 et -160 Ma.

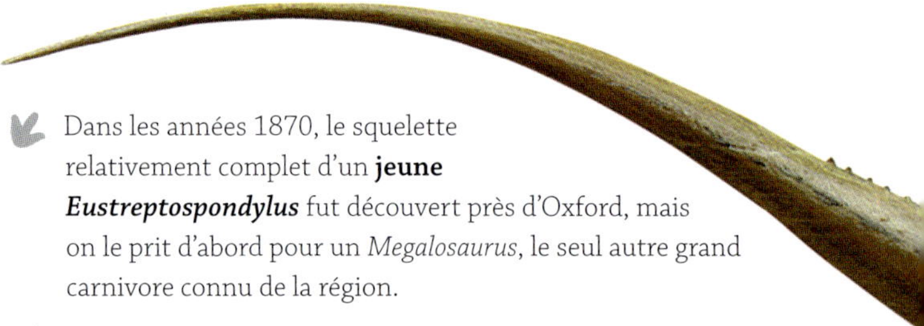

- Dans les années 1870, le squelette relativement complet d'un **jeune *Eustreptospondylus*** fut découvert près d'Oxford, mais on le prit d'abord pour un *Megalosaurus*, le seul autre grand carnivore connu de la région.
- En 1964, le paléontologue britannique Alick Walker démontra que **le dinosaure d'Oxford** n'était pas un *Megalosaurus*, et lui attribua le nom d'*Eustreptospondylus*.
- Bien que le spécimen retrouvé à Oxford n'ait pas achevé sa croissance, on estime qu'un *Eustreptospondylus* adulte devait mesurer **6 à 7 m de long** et peser plus de 250 kg.

Le sais-tu ?

Eustreptospondylus signifie « aux vertèbres bien courbées ». Ce nom lui vient de la structure de sa colonne vertébrale, comme on peut le constater sur ses fossiles.

- L'énorme bouche d'*Eustreptospondylus* renfermait un grand nombre de **petites dents pointues**.
- *Eustreptospondylus* chassait peut-être des **sauropodes** comme *Cetiosaurus* et des **stégosaures**, deux groupes de dinosaures présents dans la région à l'époque.

▼ Eustreptospondylus *pesait environ le poids d'un très grand lion.*

Baryonyx

- *Baryonyx* était un **grand dinosaure carnivore**, qui vécut au Crétacé, il y a environ 130 Ma.
- Le premier vestige fossile connu de *Baryonyx* est l'**énorme griffe de son pouce**, qui fut découverte en 1983 dans le Surrey, en Angleterre.
- *Baryonyx* atteignait une longueur totale de **9 à 10 m**.
- Malgré un poids probable d'environ 2 tonnes, *Baryonyx* était plutôt élancé et possédait une **longue queue étroite**.
- Son museau étroit et allongé était assez inhabituel pour un dinosaure carnivore. Il ressemblait au museau des **crocodiles d'aujourd'hui**.
- Ses dents étaient **hautes et effilées**, en particulier à l'avant de la bouche.

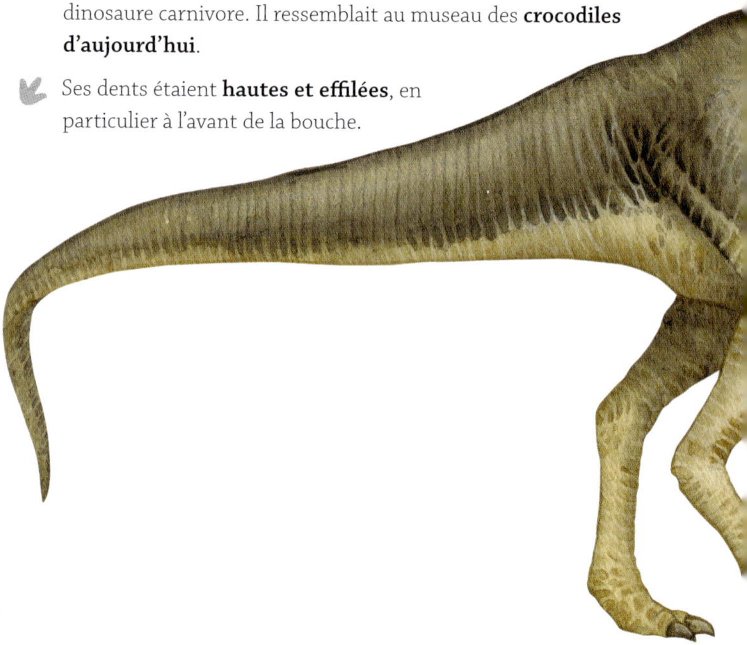

- Divers points communs entre *Baryonyx* et les crocodiles suggèrent qu'il était probablement **piscivore**, c'est-à-dire qu'il mangeait des poissons.
- Il se tenait peut-être **à l'affût** dans les marécages ou au bord des rivières, attendant de projeter son cou long et souple, pour s'emparer de proies à l'aide de ses mâchoires dentues.

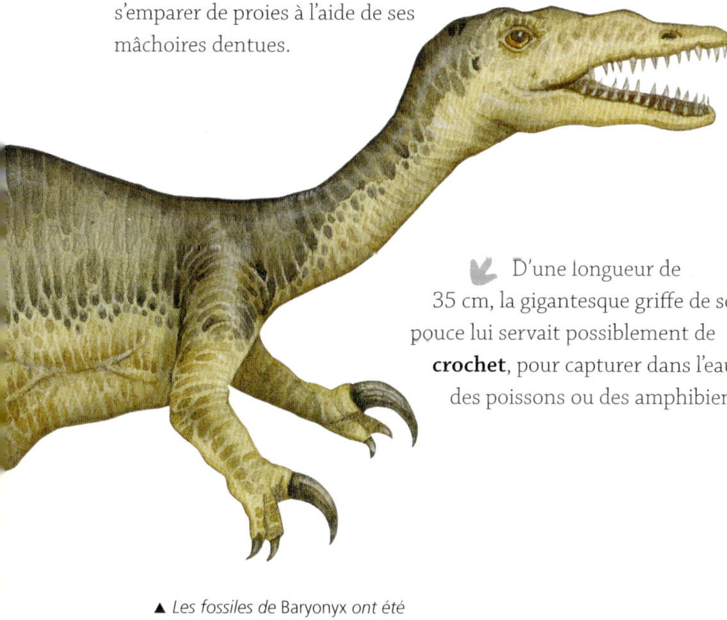

- D'une longueur de 35 cm, la gigantesque griffe de son pouce lui servait possiblement de **crochet**, pour capturer dans l'eau des poissons ou des amphibiens.

▲ *Les fossiles de* Baryonyx *ont été trouvés à côté de restes d'écailles de poisson. C'est pourquoi on suppose que ce dinosaure était un piscivore semi-aquatique.*

Allosaurus

- ***Allosaurus* était un grand canivore**, d'une taille équivalente à celle de *Tyrannosaurus*. Il traversa le Jurassique supérieur, approximativement entre -155 et -150 Ma.
- *Allosaurus* pouvait atteindre une longueur totale **de 11 à 12 m**, et selon de très diverses estimations, il devait peser entre 1,5 et 4 tonnes.
- Sa tête mesurait près de 1 m de long, mais **son crâne était léger** et comportait de larges fosses, ou « fenêtres », vraisemblablement recouvertes par des muscles et de la peau.
- *Allosaurus* était non seulement **capable d'ouvrir très grand ses mâchoires**, mais également les étirer, afin d'élargir sa bouche pour une morsure encore plus redoutable.
- Les **fossiles d'*Allosaurus*** proviennent surtout de l'Utah, du Colorado et du Wyoming, mais aussi du Montana, du Dakota du Sud, du Nouveau-Mexique, et de l'Oklahoma aux États-Unis. En Europe, le Portugal a également livré quelques vestiges.

Le sais-tu ?

Les restes de 74 Allosaurus ont été découverts dans la carrière de dinosaures de Cleveland-Lloyd, en Utah, aux États-Unis.

- *Allosaurus* chassait probablement des **sauropodes géants**, tels que *Diplodocus*, *Camarasaurus* et *Brachiosaurus*.
- Des fossiles semblables à *Allosaurus* ont été identifiés en Afrique. Une **version naine** a même été dénichée en Australie.

▲ Allosaurus *aurait pu rivaliser avec* Tyrannosaurus *en taille, s'il n'avait pas vécut 90 Ma avant lui.*

Carnotaurus

- Le grand et puissant carnivore *Carnotaurus* appartient au groupe des **dinosaures théropodes**. Il vécut approximativement entre -75 et -70 Ma.
- Les fossiles de *Carnotaurus* proviennent principalement de la région de Chubut, en **Argentine** (Amérique du Sud).
- De taille moyenne pour un dinosaure, *Carnotaurus* totalisait **8 à 9 m** de long et pesait plus de **1 tonne**.
- En comparaison d'autres carnivores comme *Allosaurus* et *Tyrannosaurus*, le crâne de *Carnotaurus* était relativement allongé verticalement, mais étroit de l'avant à l'arrière. Cela donnait un **aspect retroussé** à son museau.
- *Carnotaurus* signifie **« taureau carnivore »**, en référence à sa tête pareille à celle d'un taureau.
- Il était en effet doté de deux **« cornes »**, en réalité des crêtes osseuses coniques situées latéralement au-dessus de chaque œil.
- Un échantillon de **peau fossilisée** de *Carnotaurus* montre une surface couverte de petites protubérances, beaucoup plus grosses le long de l'échine de l'animal.
- Comme *Tyrannosaurus*, *Carnotaurus* possédait de **tout petits membres antérieurs**, trop courts pour atteindre sa bouche, et qui n'avaient par conséquent peut-être aucune utilité.

- *Carnotaurus* se nourrissait probablement de **dinosaures herbivores** comme *Chubutisaurus*, malgré ses mâchoires ni particulièrement grandes ni très puissantes.

◄ *Les premiers fossiles de* Carnotaurus *ont été mis au jour en 1985.*

Tyrannosaurus

- *Tyrannosaurus* n'est pas seulement l'un des dinosaures les plus célèbres, c'est aussi **l'un des mieux connus**. De nombreux fossiles d'os, de dents et de squelettes entiers ont été découverts.
- *Tyrannosaurus* vivait à la fin de l'ère des dinosaures, approximativement entre -68 et -66 Ma. En moyenne, il mesurait **12 m** de long et pesait **7 tonnes**.
- Son nom complet est *Tyrannosaurus rex*, ce qui signifie **« roi des lézards tyrans »**.
- Sa tête mesurait entre 1,20 m et 1,50 m de long, et sa mâchoire comptait plus de **50 dents en forme de poignard**, dont certaines dépassaient 15 cm.
- On a trouvé **des fossiles** de *Tyrannosaurus* sur beaucoup de sites en Amérique du Nord, notamment dans l'Alberta et dans la Saskatchewan au Canada, ainsi qu'au Colorado, au Wyoming, au Montana et au Nouveau-Mexique aux États-Unis.
- Les **membres antérieurs** de *Tyrannosaurus* étaient si petits, qu'ils leur étaient impossible d'atteindre sa bouche. De fait, ils n'avaient sans doute aucune utilité.
- **La découverte récente de fossiles** d'un groupe de *Tyrannosaurus* incluant des jeunes suggère que cet animal aurait pu vivre en groupes familiaux, en petits troupeaux ou en meutes.
- *Tyrannosaurus* était peut-être un **chasseur averti**, pourchassant ses proies à grandes enjambées, à moins qu'il n'ait été charognard, rôdant à l'affût d'animaux vieux ou malades.

Jusque dans les années 1990, on pensait que *Tyrannosaurus* était **le plus grand** de tous les dinosaures carnivores, et le plus grand carnivore ayant jamais foulé la Terre, mais ce record a été battu depuis par *Giganotosaurus*, puis par *Spinosaurus*.

◄ *Les membres postérieurs massifs et puissants de Tyrannosaurus contrastent considérablement avec ses membres antérieurs chétifs. Quand il courait, sa queue épaisse lui permettait de contrebalancer le poids de sa tête, afin d'équilibrer son maintien horizontal.*

Ornitholestes

- *Ornitholestes* était un **carnivore assez petit**, du groupe des coelurosaures. Il vivait il y a environ 155 Ma, à la même époque que les premiers oiseaux.
- *Ornitholestes* signifie **« voleur d'oiseau »**, car les paléontologues qui étudièrent ses fossiles dans les années 1900 supposaient qu'il chassait les oiseaux primitifs.
- Cependant, *Ornitholestes* peuplait le **Wyoming actuel**, aux États-Unis, loin des premiers oiseaux cantonnés à l'Europe, un autre continent…
- **Un seul et unique spécimen** d'*Ornitholestes* a été identifié à ce jour. Des fragments de pattes ont aussi été découverts ailleurs, mais ont finalement été attribués à un autre dinosaure.
- *Ornitholestes* mesurait environ **2 m** de la pointe du museau à l'extrémité de la queue, et pesait probablement de 12 à 15 kg.

Le sais-tu ?

Selon certains paléontologues, Ornitholestes avait peut-être une petite crête sur le museau, mais d'autres réfutent cette hypothèse.

▶ *La survie d'*Ornitholestes *dépendait de sa rapidité, de sa vue perçante et de son odorat.*

- Relativement espacées, les dents d'*Ornitholestes* étaient **courtes et effilées**, parfaitement adaptées à la capture des petits animaux qu'il consommait.
- *Ornitholestes* possédait des **membres puissants**, dotés de pattes robustes aux longues griffes, idéales pour attraper de petites proies.

Oviraptor

- Membre du groupe des **dinosaures théropodes**, *Oviraptor* était un carnivore plutôt original, qui vécut au Crétacé supérieur, il y a environ 75 Ma.
- C'est la région d'Ömnögov, dans le **désert de Gobi** en Asie centrale, qui a livré les vestiges fossiles de cet animal.
- De l'extrémité du bec à celle de la queue, *Oviraptor* mesurait approximativement **2 m de long**.
- Ce dinosaure fut dénommé **« voleur d'œufs »**, parce que ses fossiles furent trouvés parmi des fragments d'œufs, que l'on attribua initialement à *Protoceratops*. En fait, il s'agissait probablement de ses **propres œufs**, qu'il devait être en train de couver ou de protéger.

- *Oviraptor* n'avait pas de dents, mais disposait d'un **bec robuste et recourbé**, comme celui d'un perroquet ou d'un aigle.
- Sur le front, *Oviraptor* arborait une protubérance osseuse, qui formait une sorte de **crête ou de casque** en saillie au-dessus de ses yeux.
- La crête d'*Oviraptor* ressemblait à celle du **casoar**, l'un des plus gros oiseaux actuels.
- On suppose qu'*Oviraptor* mangeait des **coquillages**, qu'il fracturait grâce à son bec puissant.

Le sais-tu ?

Deux pointes osseuses à l'intérieur de la bouche d'Oviraptor servaient possiblement à briser les coquilles, quand il refermait les mâchoires.

▶ *Parmi les caractéristiques insolites d'*Oviraptor*, figurait notamment son bec de perroquet. Celui-ci était peut-être recouvert de fines plumes semblables à des filaments.*

Les plus petits dinosaures

- L'un des plus petits dinosaures était ***Compsognathus***, qui vécut pendant le Jurassique supérieur, aux environs de -155 à -150 Ma.
- On a découvert ses fossiles en **Europe**, en particulier dans le sud de l'Allemagne et de la France.
- *Compsognathus* ne dépassait probablement pas **1 m**, pour un poids inférieur à **5 kg**.
- Il possédait de petites **dents tranchantes et recourbées**. Il chassait probablement à l'affût dans les sous-bois, se tenant prêt à fondre sur ses proies, sans doute des insectes, des araignées, des vers ou de petits vertébrés.
- Parmi les petits dinosaures, on a également identifié ***Caenagnathasia*** (60 cm) et ***Parvicursor*** (40 cm).

► *Près de la moitié de la longueur de* Compsognathus *était constituée par sa queue.*

▶ *Le minuscule dinosaure* Mei. *Son nom complet,* Mei long, *signifie « dragon profondément endormi ».*

- Découvert en 2004 en Chine, ***Mei*** ne mesurait que 50 cm de long. Il n'est pas seulement l'un des plus petits dinosaures jamais découverts, il est aussi celui qui porte le nom le plus court.

- *Mei* fut fossilisé dans une position identique à celle **d'un oiseau** : sa tête était repliée sur le côté, sous son membre antérieur, tout comme un oiseau glisse sa tête sous son aile pour dormir.

- Les plus petits spécimens de dinosaures découverts à ce jour sont des fossiles de *Mussaurus*, qui signifie **« lézard-souris »**. Ne mesurant que 20 cm de long, ces fossiles sont ceux de bébés à peine éclos. Devenus adultes, ces dinosaures auraient fini par atteindre quelque 3 m de long.

Les chasseurs en meute

- Les dinosaures étaient des reptiles, mais de nos jours, plus aucun reptile n **chasse en meute**, c'est-à-dire en groupe, en coopérant les uns avec les aut
- Certains crocodiles et alligators se rassemblent sur des sites de nourrissag proies abondent, mais **ils ne se coordonnent pas pour chasser**.
- Pourtant, les témoignages fossiles suggèrent que **plusieurs espèces de dinosaures carnivores** chassaient en meutes.
- Réunis au même endroit, des fossiles de plusieurs spécimens d'**une même espèce de dinosaure** ont été découverts à plusieurs reprises, ce qui suggère que ces animaux vivaient en groupes.
- Des os fossilisés de dinosaures herbivores ont été mis au jour avec de **nombreuses traces de morsures**, apparemment causées par des prédateurs qui chassaient probablement en meute.
- ***Tyrannosaurus***, notamment, chassait peut-être en groupe.
- Sur différents sites d'Amérique du Nord, les os fossilisés de plusieurs ***Deinonychus*** ont été trouvés à proximité de fossiles de *Tenontosaurus*, un herbivore beaucoup plus grand qu'eux.
- Un seul *Deinonychus* n'aurait vraisemblablement pas osé attaquer un ***Tenontosaurus*** adulte, mais un groupe de plusieurs individus aurait pu s'y risquer.

▼ *Les petits dinosaures prédateurs comme* Troodon *se réunissaient peut-être pour chasser ou fureter ensemble en quête de charognes.*

Les raptors

- *Raptor* est un surnom qui définit les dinosaures du groupe des **dromaeosaures**. Il désigne aussi les oiseaux sous le terme rapace, mais quand il concerne un dinosaure, on le traduit par « pilleur », « voleur » ou « chasseur ».
- Les dromaeosaures étaient des dinosaures carnivores de diverses tailles, **puissants et agiles**. Ils ont principalement vécu entre -110 et -66 Ma.
- La plupart des dromaeosaures mesuraient de **1,50 à 3 m** de long, se dressaient sur 1 à 2 m de haut et pesaient entre **15 et 70 kg**.
- ***Velociraptor*** vécut entre -85 et -70 Ma, en Mongolie, en Asie centrale. C'est là que ses fossiles ont été extraits.
- À l'instar des autres raptors, *Velociraptor* courait certainement très vite, et pouvait effectuer **des bonds impressionnants**, grâce à ses vigoureux membres postérieurs.

- Les dromaeosaures ont été dénommés d'après ***Dromaeosaurus***, un dinosaure d'Amérique du Nord. Représenté par de rares fossiles, il est pourtant l'un des moins connus de son groupe.
- Le raptor le plus étudié est probablement ***Deinonychus***.
- L'énorme bouche des dromaeosaures s'ouvrait en grand ; elle était équipée de **nombreux petits crocs aiguisés**.

◀ Velociraptor, *le « voleur rapide », était un dromaeosaure typique. On soupçonne que la plupart des raptors étaient pourvus de plumes, bien que pour certains, il n'existe pas de preuves fossiles directes.*

Le sais-tu ?

Sur le second doigt de leurs pattes postérieures, les dromaeosaures étaient dotés d'une grande griffe incurvée, qu'ils pouvaient actionner de haut en bas pour trancher la chair de leurs proies.

Deinonychus

- *Deinonychus* est l'un des raptors les **mieux connus**.
- Il était présent au **Crétacé moyen**, approximativement entre -115 et -105 Ma.
- Les fossiles de *Deinonychus* proviennent principalement du **Montana et du Wyoming**, aux États-Unis.
- *Deinonychus* mesurait entre **3 et 3,50 m** et pesait de **60 à 70 kg**, soit un poids comparable à celui d'un humain adulte.
- Dans les années **1960**, l'étude des restes de *Deinonychus* fit voler en éclat le mythe, selon lequel les dinosaures étaient lents et dotés d'un petit cerveau.
- **Puissant, rapide et agile**, *Deinonychus* chassait peut-être en meute, à l'instar des loups et des lions d'aujourd'hui.
- Il possédait de **grosses pattes**, aux trois doigts robustes, terminés par une griffe redoutablement affûtée.
- Comme tous les raptors, sur chaque deuxième doigt, *Deinonychus* était également muni d'une griffe de **taille supérieure** comparable à une faux.
- La **raideur de sa queue** l'empêchait de fouetter l'air.
- *Deinonychus* ainsi que d'autres dromaeosaures similaires, comme *Velociraptor*, inspirèrent les raptors rusés et terrifiants de la série de films ***Jurassic Park***.

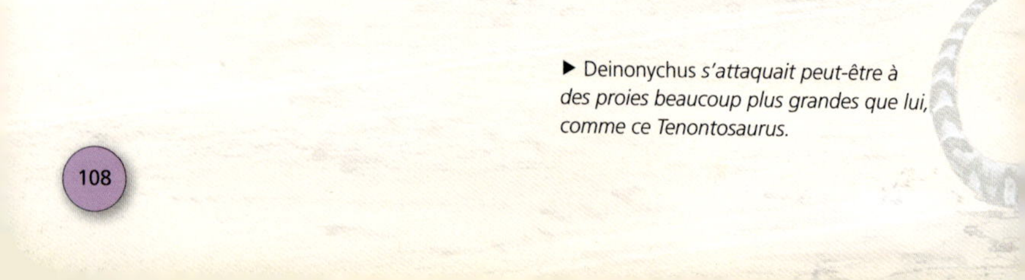

▶ Deinonychus *s'attaquait peut-être à des proies beaucoup plus grandes que lui, comme ce Tenontosaurus.*

Archaeopteryx

- Le tout premier oiseau connu, contemporain des dinosaures et pour lequel il existe suffisamment de restes fossiles s'appelle ***Archaeopteryx***, ce qui signifie **« aile ancienne »**.
- *Archaeopteryx* survolait l'Europe au **Jurassique supérieur**, approximativement entre -150 et -147 Ma.
- Mesurant environ 50 à 60 cm de long, *Archaeopteryx* avait la taille d'un **gros corbeau**.
- *Archaeopteryx* partageait de nombreuses caractéristiques avec les petits dinosaures carnivores, notamment la présence de **dents dans sa bouche en forme de bec**, et sa longue queue osseuse.
- En 1951, un **squelette partiel fossilisé** fut identifié comme étant celui d'un petit dinosaure semblable à *Compsognathus*, mais dans les années 1970, il fut de nouveau étudié et renommé *Archaeopteryx*. Il constitue ainsi un témoignage de la ressemblance entre ces deux espèces.
- *Archaeopteryx* possédait **trois doigts griffus** vers le milieu du bord antérieur de ses ailes.
- Les **muscles** qui lui servaient à voler étaient ancrés dans son large sternum.
- Si *Archaeopteryx* était capable de voler, il n'était toutefois **pas aussi rapide ni aussi agile** que les oiseaux actuels.

Le sais-tu ?

Archaeopteryx était recouvert de plumes présentant les mêmes détails que celles des oiseaux volants actuels.

▼ Archaeopteryx *pouvait probablement planer, plonger en piqué et virer quand il poursuivait des proies en vol telles que des libellules. Cependant, ses membres longs et puissants laissent à penser qu'il était aussi capable de marcher et de courir. Peut-être chassait-il également des proies au sol, comme par exemple des bébés lézards ou des blattes.*

Les dinosaures à plumes

- Les fossiles découverts depuis le milieu des années 1990 montrent que certains dinosaures étaient peut-être **couverts de plumes ou de poils**.
- ***Sinosauropteryx*** était un petit carnivore de 1 m de longueur, qui parcourait la Chine, entre -130 et -120 Ma.
- Les fossiles de *Sinosauropteryx* montrent que certaines parties de son corps n'étaient pas recouvertes des habituelles écailles des reptiles, mais de **plumes**.

- La morphologie générale de *Sinosauropteryx* indique toutefois que, bien qu'ayant des plumes, ce dinosaure était **incapable de voler**.
- Ses plumes pouvaient lui servir à se camoufler, à communiquer avec les autres animaux par des signaux visuels, ou à maintenir sa température corporelle, ce qui suggère que ce dinosaure était peut-être un **animal à sang chaud**.
- Les fossiles d'***Avimimus*** proviennent de Chine et de Mongolie. Ils datent approximativement de la période comprise entre -80 et -70 Ma.
- Les os fossilisés de ses membres antérieurs présentent des petites crêtes de taille et de forme identiques à celles des **os des ailes d'oiseau**, où viennent se fixer les plumes.
- *Avimimus* mesurait 1,50 m de long. Sa **bouche en forme de bec** d'oiseau lui permettait de picorer sa nourriture.

- De nos jours, la plupart des scientifiques pensent que les oiseaux sont les **descendants** de petits dinosaures carnivores.
- Si tel est le cas, **la cladistique**, cette technique de classification des animaux en fonction de leur parenté, révèle que les oiseaux sont un sous-groupe des dinosaures. Si cette théorie est vérifiée, cela signifierait que les dinosaures sont toujours parmi nous, sous la forme d'oiseaux.

▲ Avimimus *pourrait avoir développé des plumes pour se tenir chaud ou se camoufler.*

Les dinosaures-autruches

- « Dinosaure-autruche » est le nom courant que l'on donne aux **ornithomimosaures**, en raison de leur ressemblance avec l'autruche, le plus grand oiseau moderne incapable de voler.
- Ces dinosaures étaient **grands et élancés**. Grâce à leurs membres postérieurs longs et puissants, ils couraient très vite.
- Leurs membres antérieurs ressemblaient à des bras robustes, complétés de **doigts préhensiles** aux griffes acérées.
- Leurs **grands yeux** étaient positionnés haut sur la tête.
- Leur bouche édentée évoquait le **long bec** effilé d'un oiseau.
- Les dinosaures-autruches peuplaient **l'Amérique du Nord et l'Asie** vers la fin du Crétacé (-100 à -66 Ma).
- Les fossiles de ***Struthiomimus***, un dinosaure-autruche originaire de l'Alberta au Canada, suggèrent que cet animal avoisinait 4 m de long et qu'il atteignait la hauteur de 2 m, soit la taille d'une autruche actuelle.
- Le dinosaure-autruche ***Gallimimus*** mesurait entre 4 et 6 m de long pour près de 3 m de haut.

- Les dinosaures-autruches se nourrissaient probablement **de graines, de fruits et d'autres matières végétales, ainsi que de petits animaux** tels que des vers et des lézards, qu'ils capturaient à l'aide de leurs puissantes pattes griffues.

- ***Dromiceiomimus***, qui mesurait en moyenne 3 à 4 m de long, et ***Ornithomimus***, d'un gabarit comparable, représentaient d'autres espèces de dinosaures-autruches.

▼ *Quand il courait,* Ornithomimus *atteignait peut-être la vitesse de 80 km/h. Son bassin et ses membres étaient actionnés par des muscles puissants, ce qui lui permettait d'effectuer de grandes enjambées rapides.*

Les herbivores

- Des centaines d'espèces de dinosaures étaient **herbivores**, mais au fil du temps, les plantes que consommaient ces animaux changèrent et évoluèrent. Les dinosaures furent alors contraints de s'adapter, ce qui conduisit à l'apparition de nouvelles espèces.
- Au début de **l'ère des dinosaures**, au cours du Trias, les principaux végétaux mangés par les dinosaures étaient des conifères, des ginkgos, des cycadales et de petites fougères à graines, mais aussi d'autres types de fougères, des prêles et des lycopodes.

Le sais-tu ?

Pour fournir assez d'énergie à leur corps énorme, les sauropodes passaient probablement plus de 20 heures par jour à manger.

- Certaines **cycadales** sont parvenues jusqu'à nous. Elles ressemblent à des palmiers, dont les stipes sont coiffés de couronnes de grandes feuilles. Les stipes sont de hautes tiges épaisses, semblables à des troncs non ramifiés.
- Au cours du Trias, seuls les dinosaures **prosauropodes** étaient assez grands, ou disposaient d'un cou assez long, pour atteindre les hautes feuilles des cycadales et des ginkgos.
- Au **Jurassique**, les grands conifères tels que les séquoias et les araucarias du Chili devinrent très répandus.
- Les énormes **sauropodes** du Jurassique étaient vraisemblablement capables de se hisser vers la cime de ces grands conifères, afin de dévorer leurs aiguilles.
- Durant le **Crétacé moyen**, les plantes à fleurs apparurent.
- À l'issue du Crétacé, plusieurs **arbres et arbustes à fleurs**, comme les magnolias, les érables et les noyers, avaient fait leur apparition.

Ces végétaux provoquèrent l'**éclosion** de nouvelles espèces animales, dont des dinosaures herbivores.

▼ *Favorisées par le climat chaud et humide du Jurassique, les plantes colonisèrent la plupart des régions de la planète, recouvrant des terres autrefois stériles. Les gros herbivores comme* Barosaurus *se nourrissaient des feuilles des hautes fougères arborescentes et des ginkgos, mais aussi des aiguilles des conifères.*

D'un poids oscillant entre 25 et 30 tonnes, Barosaurus *avoisinait 25 m de long.*

Les prosauropodes

- Les premiers grands dinosaures furent les **prosauropodes**. Ils comptaient plusieurs familles, parmi lesquelles les platéosauridés. Ils vécurent pour la plupart entre -230 et -180 Ma.
- Ils étaient **herbivores**. Une petite tête surmontait leur long cou flexible, et leur corps large juché sur des membres trapus s'achevait par une queue également longue.
- L'un des plus anciens prosauropodes fut ***Plateosaurus***, qui vécut en Europe approximativement entre -215 et -205 Ma.
- Plateosaurus se déplaçait plutôt sur quatre pattes, mais adoptait occasionnellement la bipédie (marche sur deux pattes). D'une longueur de **7 à 9 m**, il pouvait peser **3 tonnes** et plus.
- ***Riojasaurus*** était un autre prosauropode. Ses fossiles datés d'environ 220 Ma et proviennent d'Argentine.
- ***Riojasaurus*** mesurait plus ou moins 10 m de long et pesait environ 2 tonnes.

- On a retrouvé une vingtaine de squelettes fossiles du prosauropode ***Sellosaurus*** en Europe. Ils sont âgés de 215 à 210 Ma avant notre ère.

- ***Lufengosaurus*** était un prosauropode qui habitait la Chine au début du Jurassique. Le squelette complet de ce dinosaure fut le premier à être restauré dans ce pays. La longueur de l'animal variait de 6 à 9 m.

- Puis les **sauropodes** ont pris la place des prosauropodes sur la planète. Encore plus grands, leur corps étiré par un long cou et une longue queue avait toutefois sensiblement la même silhouette que celle de leurs prédécesseurs.

▼ Riojasaurus *fut le premier grand dinosaure d'Amérique du Sud.*

Plateosaurus

- ***Plateosaurus***, dont le nom signifie **« lézard plat »**, est une espèce apparue il y a environ 215 Ma.
- On a extrait des groupes de Plateosaurus de différents sites fossilifères européens, soit au total une **centaine d'individus**.
- *Plateosaurus* était pourvu de **dents fortement crénelées**, parfaites pour mâcher les plantes.
- Il utilisait peut-être ses **doigts flexibles et griffus** pour amener les branches feuillues à sa bouche.

- Les **pattes antérieures** de *Plateosaurus* étaient plus courtes que ses pattes postérieures.
- Ses pouces étaient dotés d'**une griffe puissante**, dont il se servait peut-être pour lacérer ses ennemis.
- Les paléontologues pensaient autrefois que *Plateosaurus* laissait **traîner sa queue** au sol lors de ses déplacements.
- Ils jugent désormais que *Plateosaurus* **devait la soulever** au-dessus du sol, afin de contrebalancer le poids de sa tête et de l'avant de son corps.
- *Plateosaurus* fut l'un des premiers dinosaures à recevoir une **dénomination officielle**. C'était en 1837, avant même que le mot « dinosaure » n'ait été inventé.

◀ *Pour se nourrir,* Plateosaurus *était sans doute capable d'atteindre les feuilles situées à 2 ou 3 m du sol.*

Massospondylus

- *Massospondylus* était un **herbivore, possiblement omnivore**, de taille moyenne, membre du groupe des prosauropodes.
- *Massospondylus* vécut en **Afrique** et vraisemblablement en Amérique du Nord, approximativement entre -200 et -185 Ma.
- Au total, *Massospondylus* mesurait près de **4,50 m de long**. Sa queue constituait près de la moitié de cette longueur.
- **Les membres postérieurs** de *Massospondylus* étaient plus gros et plus puissants que ses membres antérieurs. Cela devait probablement lui permettre de se redresser pour atteindre la nourriture en hauteur.
- *Massospondylus* signifie **« vertèbres massives »**.

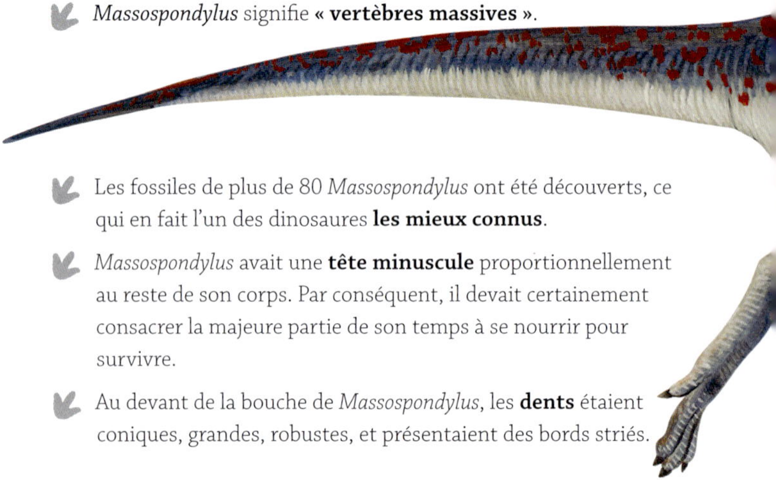

- Les fossiles de plus de 80 *Massospondylus* ont été découverts, ce qui en fait l'un des dinosaures **les mieux connus**.
- *Massospondylus* avait une **tête minuscule** proportionnellement au reste de son corps. Par conséquent, il devait certainement consacrer la majeure partie de son temps à se nourrir pour survivre.
- Au devant de la bouche de *Massospondylus*, les **dents** étaient coniques, grandes, robustes, et présentaient des bords striés.

- À l'arrière des **mâchoires**, les dents étaient plus petites et plates, trop fragiles pour mâcher de grandes quantités de nourriture. Il n'est pas exclu que *Massospondylus* ait eu recours à son estomac pour broyer ses aliments.
- Dans les années **1980**, certains scientifiques affirmaient que *Massospondylus* était carnivore, notamment à cause de ses dents de devant coniques et striées. On sait à présent que ce n'était pas le cas.

▲ Massospondylus *passait probablement la plupart de son temps à manger pour fournir suffisamment d'énergie à son énorme corps.*

Anchisaurus

- *Anchisaurus* fut l'un des **premiers dinosaures sauropodes**.
- Officiellement reconnu comme étant un dinosaure en **1885**, *Anchisaurus* avait cependant été découvert plus de 70 ans auparavant.
- *Anchisaurus* était plutôt **petit et très svelte** comparé aux autres sauropodes. Il avait plus ou moins la taille d'un gros chien.
- Les fossiles d'*Anchisaurus* remontent au **Jurassique inférieur**, entre -201 et -190 Ma.
- On a localisé des restes d'*Anchisaurus* dans les États du Connecticut et du Massachusetts, au nord-est des **États-Unis**, ainsi qu'en **Afrique australe**.
- Pourvu de **petites dents crénelées**, *Anchisaurus* arrachait probablement les feuilles fraîches des plantes basses dont il se nourrissait.
- Pour atteindre les feuillages en hauteur, *Anchisaurus* pourrait avoir été capable de **se dresser sur ses membres postérieurs**.
- *Anchisaurus* était doté d'une **grosse griffe recourbée** à chaque pouce. Celle-ci lui servait possiblement de crochet pour attirer à sa bouche les branches feuillues, ou d'arme pour taillader ses ennemis.

▼ *Anchisaurus* mesurait environ 2 m de long. Son nom signifie « lézard proche ».

Le sais-tu ?

Les restes d'Anchisaurus furent probablement les premiers fossiles de dinosaure à être découverts en Amérique du Nord, en 1818.

Les dinosaures géants

- Les dinosaures peuvent être mesurés en termes de longueur et de hauteur, mais « géant » fait généralement référence aux dinosaures **les plus lourds ou les plus volumineux**.
- En l'état actuel de nos connaissances, les dinosaures sauropodes de **la fin du Jurassique et du Crétacé inférieur et moyen** furent les plus grands animaux de tous les temps.
- Cependant, les baleines actuelles, et peut-être aussi les pliosaures, ces **gigantesques reptiles marins** de l'âge des dinosaures, rivalisent avec eux en taille.

▶ Seismosaurus *fut officiellement décrit et nommé en 1991, mais des études complémentaires réalisées dans les années 2000 démontrèrent qu'il s'agissait en fait d'une espèce de* Diplodocus, *désormais connue sous le nom de* Diplodocus hallorum *ou* Diplodocus longus.

- Pour n'importe quel dinosaure, les scientifiques ont besoin d'étudier un nombre suffisant de fossiles, afin d'être certains qu'il s'agit bien d'une espèce distincte, avant de lui attribuer un nom scientifique. Ils doivent également pouvoir **estimer sa taille**. Mais parfois, la quantité de fossiles est encore insuffisante.
- Les restes de ***Supersaurus*** découverts dans le Colorado, aux États-Unis, évoquent un dinosaure proche de *Diplodocus*, et peut-être même plus grand. On estime en effet qu'il mesurait 35 m de longueur.
- Il est possible que les fossiles de ***Diplodocus hallorum*** identifiés aux États-Unis en 1991 appartiennent à un sauropode long de 35 m.
- Les fossiles d'***Ultrasaurus*** repérés en Corée du Sud sont ceux d'un dinosaure semblable à Brachiosaurus, mais plus petit. Cependant, ces fossiles fragmentaires conduisent certains paléontologues à penser qu'ils appartiendraient à un autre dinosaure.
- En Amérique du Sud, ***Argentinosaurus*** est connu grâce à quelques fossiles, principalement des vertèbres, qui furent mis au jour dans les années 1990. On estime que l'animal avoisinait 100 tonnes.

Les sauropodes

- Les sauropodes étaient **les plus grands** de tous les dinosaures. Ils ont principalement vécu pendant le Jurassique, approximativement entre -201 et -145 Ma.
- Ces énormes **herbivores** portaient une tête minuscule, un très long cou et une très longue queue, un corps énorme et renflé, ainsi que des pattes massives comparables à celles d'un éléphant, mais beaucoup plus grosses.
- Les **géants bien connus** *Mamenchisaurus*, *Cetiosaurus*, *Diplodocus*, *Brachiosaurus* et *Apatosaurus* appartenaient au groupe des sauropodes.
- Le Maroc, la Tunisie, l'Algérie ont livré des fossiles de ***Rebbachisaurus***, qui parcourait ces régions environ 100 Ma avant notre ère.

- ***Cetiosaurus*** mesurait environ 15 m et pesait entre 10 et 20 tonnes.
- Les premiers fossiles de *Cetiosaurus* furent découverts dans la région de l'Oxfordshire en Angleterre, vers **les années 1830**. Ce fut le premier sauropode à se voir attribuer un nom officiel, en 1841.
- *Cetiosaurus*, ou **« lézard-baleine »**, fut ainsi dénommé parce que le paléontologue britannique Sir Richard Owen considérait que ses os colossaux étaient ceux d'une baleine préhistorique.

▶ *Les sauropodes comme* Apatosaurus *broutaient probablement la cime des arbres.*

Brachiosaurus

- Brachiosaurus vécut entre -155 et -150 Ma. Ses fossiles ont été découverts différents sites, tous situés en **Amérique du Nord**. On a également trouvé Afrique les fossiles d'un dinosaure semblable, dénommé *Giraffatitan*.
- Avec ses **25 m** de long, *Brachiosaurus* n'était pas l'un des dinosaures les plu longs, mais bien l'un des plus lourds. On estime qu'il pesait généralement entre **20 et 50 tonnes**, voire jusqu'à 80 tonnes selon certains.
- On découvrit les **premiers fossiles** de *Brachiosaurus* en 1900 en Utah, aux États-Unis, et l'animal reçut sa dénomination l'année suivante.
- *Brachiosaurus* signifie **« lézard à bras »**. En effet, ce dinosaure doit son nom ses membres antérieurs épais et plus longs que les postérieurs.
- Grâce à ses immenses membres antérieurs et à son long cou, il est probabl que *Brachiosaurus* ait pu atteindre des sources de nourriture à plus de **13 m du sol**.

- Ses dents étaient **petites et affûtées** pour découper les feuilles à même les arbres, avant de les avaler sans les mastiquer.
- Ses **narines** étaient placées haut sur sa tête.

◄ Brachiosaurus *avait des proportions analogues à celles d'une girafe, mais il faisait plus de deux fois sa hauteur et 50 fois son poids.*

Camarasaurus

- *Camarasaurus* était un **sauropode herbivore géant** qui vécut entre -155 et -150 Ma, au cours du Jurassique supérieur.
- Les roches ayant légué de **nombreux squelettes fossiles** presque complets, c'est l'un des dinosaures géants les mieux connus.

◄ *Comparé aux autres sauropodes,* Camarasaurus *avait un cou et une queue relativement courts.*

- C'est le célèbre paléontologue américain **Edward Drinker** Cope, qui décrivit et nomma *Camarasaurus* en 1877.
- Ce nom signifie **« lézard à chambre »**, car les vertèbres de sa colonne vertébrale renfermaient une succession de cavités, ce qui les rendaient plus légères et réduisait le poids de l'animal.
- *Camarasaurus* pouvait mesurer jusqu'à une **vingtaine de mètres de long**. Son corps et ses membres étaient puissants et trapus.

- *Camarasaurus* vivait en **Amérique du Nord**, mais des fossiles semblables ont été découverts en Europe et en Afrique. Ils ont cependant reçu des noms différents.
- *Camarasaurus* se caractérisait notamment par sa **tête large au museau court**, comparable à celle de *Brachiosaurus*.
- Le squelette fossile presque complet d'un jeune *Camarasaurus* fut découvert dans les **années 1920**. Chaque os était à sa place et ensemble, ils montraient le corps gisant de l'animal comme s'il avait été vivant. Une découverte incroyablement rare !

Diplodocus

- *Diplodocus* était un énorme **sauropode herbivore**, qui vécut au cours du Jurassique supérieur, entre -155 et -145 Ma.
- La première découverte de fossiles de *Diplodocus* eut lieu en 1877, près de **Canyon City**, au Colorado (États-Unis).
- La plupart de ses **autres fossiles** furent mis au jour aux États-Unis, dans le Colorado, en Utah et au Wyoming.
- Avec sa longueur extraordinaire de **27 m et plus**, *Diplodocus* est l'un des plus grands dinosaures connus. Il n'est pas exclu que certaines espèces aient même atteint 33 m de long.
- *Diplodocus* balançait probablement sa petite tête au bout de son cou énorme, pour atteindre les **feuilles hautes des arbres**.

▶ Diplodocus *était très long, mais plutôt léger pour un sauropode. On estime qu'il pesait entre 10 et 25 tonnes.*

- Ses dents ressemblaient à des **piquets miniatures**, qui formaient à l'avant de la bouche une frange analogue à un peigne.
- *Diplodocus* utilisait peut-être ces dents pour **débarrasser les tiges de leurs feuilles**, avant d'avaler ces dernières sans les mâcher.
- Autrefois, on pensait que ses **narines** étaient situées presque au-dessus des yeux. Mais de récentes découvertes montrent qu'elles étaient probablement placées plus bas, à mi-chemin entre les yeux et l'extrémité du museau.

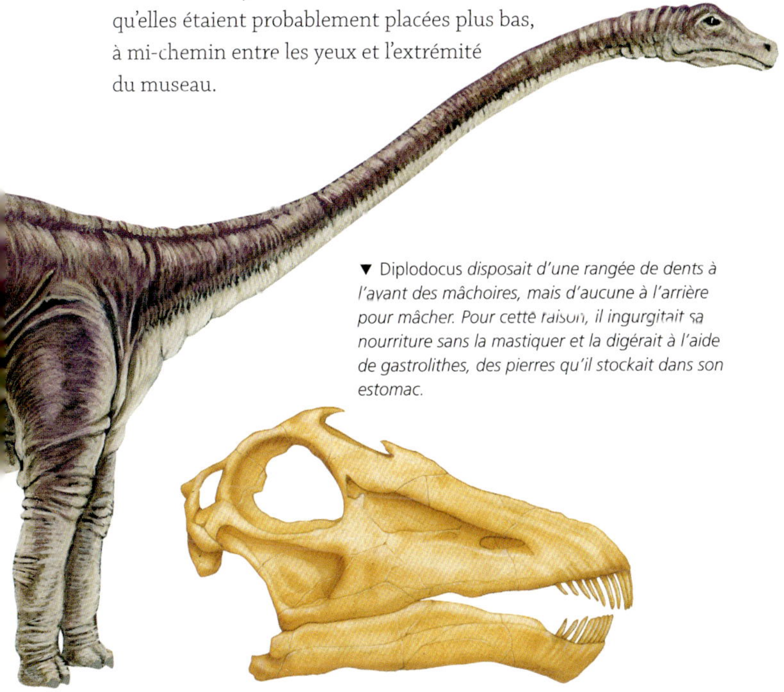

▼ Diplodocus *disposait d'une rangée de dents à l'avant des mâchoires, mais d'aucune à l'arrière pour mâcher. Pour cette raison, il ingurgitait sa nourriture sans la mastiquer et la digérait à l'aide de gastrolithes, des pierres qu'il stockait dans son estomac.*

Mamenchisaurus

- Le corpulent dinosaure **herbivore** *Mamenchisaurus* avait une apparence similaire à celle de *Diplodocus*.
- Il vécut pendant le **Jurassique supérieur**, entre -160 et -145 Ma.
- Ce grand dinosaure mesurait environ **30 m** de la pointe du museau à celle de la queue. Son poids oscillait entre **20 et 35 tonnes**.
- D'une longueur susceptible d'excéder 10 m, le cou de *Mamenchisaurus* était l'un des plus longs de tous les dinosaures. Il pouvait compter jusqu'à **19 vertèbres**, un record même chez les dinosaures !
- Les restes de *Mamenchisaurus* ont été découverts dans la province du Sichuan en **Chine**. La dénomination de ce dinosaure dérive du nom du site où ses fossiles ont été trouvés, le **ruisseau Mamen**.

- ***Euhelopus*** et ***Omeisaurus*** comptent parmi les autres dinosaures sauropodes repérés dans la même région que *Mamenchisaurus*.
- *Mamenchisaurus* **tendait peut-être le cou** pour manger les feuilles culminantes des arbres. Une hypothèse beaucoup moins probable avance qu'il aurait pu vivre dans des marais et se nourrir de végétation aquatique.

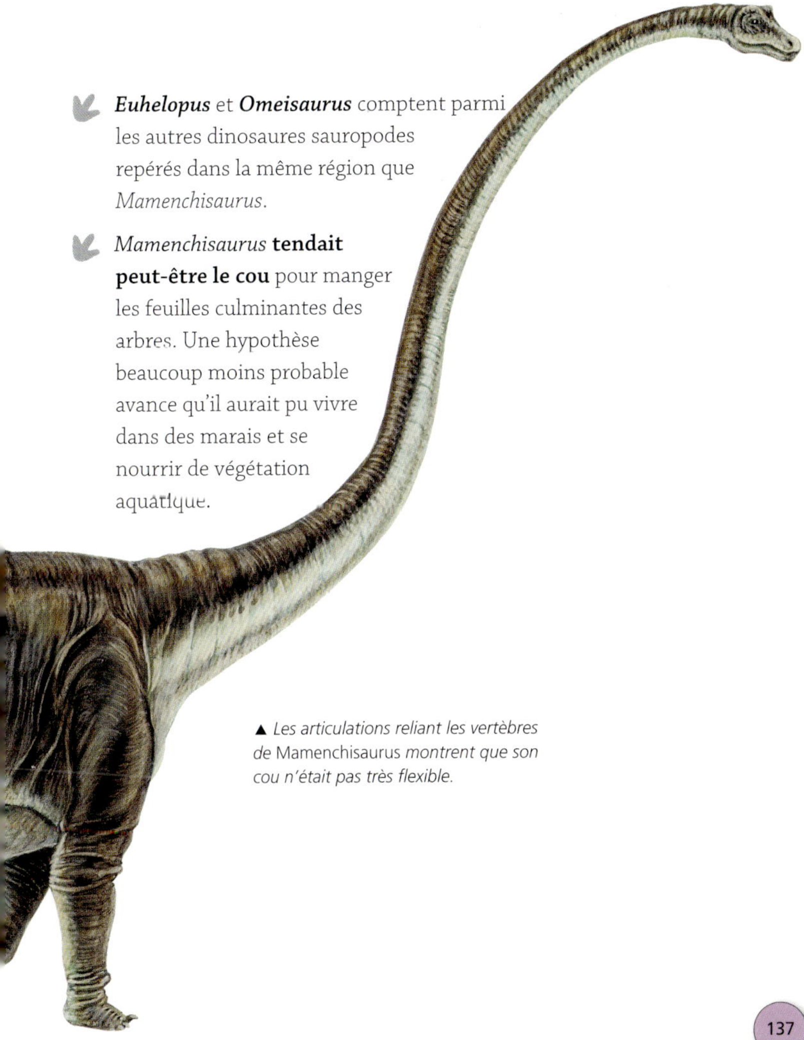

▲ *Les articulations reliant les vertèbres de* Mamenchisaurus *montrent que son cou n'était pas très flexible.*

Les ségnosaures

- On sait peu de choses sur le groupe des ségnosaures. C'est un sujet à l'origine de **nombreuses polémiques** au sein de la communauté scientifique.
- Les ségnosaures ont été nommés d'après *Segnosaurus*, **le seul membre connu** de ce groupe, ou presque.
- *Segnosaurus* signifie **« lézard lent »**. L'animal vécut du Crétacé moyen au Crétacé supérieur, autour de -90 Ma.
- Les principaux fossiles de *Segnosaurus* furent trouvés dans le désert de Gobi en **Asie centrale** dans les années 1970. Ce dinosaure reçut son nom du paléontologue mongol Altangerel Perle, en 1979.

- *Segnosaurus* avait **une tête étroite**, et probablement une bouche édentée, dont l'avant avait la forme de bec.
- Les paléontologues sont en **désaccord** au sujet du régime alimentaire de *Segnosaurus*. Certains pensent que c'était un prédateur carnivore, d'autres un nageur ou un échassier qui se nourrissait de poissons, tandis que d'autres encore affirment qu'il était herbivore ! Plusieurs scientifiques soutiennent même qu'il aurait pu se nourrir de fourmis.

- *Segnosaurus* est aujourd'hui usuellement classé dans le groupe des thérizinosaures ou **« lézards à faux »**.
- Certains paléontologues sont enclins à penser que *Segnosaurus* était une version primitive (et longue de 6 m !) du **fourmilier moderne** et que, comme lui, il éventrait les nids de termites et de fourmis à l'aide de ses griffes puissantes.

▲ Segnosaurus *et son régime alimentaire restent un mystère vivement débattu par les scientifiques.*

Le sais-tu ?

Segnosaurus était un dinosaure de taille non négligeable, mesurant probablement de 4 à 6,5 m de long et 3 m de haut environ.

Scelidosaurus

- *Scelidosaurus* était un **dinosaure cuirassé** de taille moyenne, peut-être l'un des plus anciens membres du groupe des ankylosaures ou des stégosaures.
- Des fossiles très bien conservés de *Scelidosaurus* ont été extraits de roches, dans la région du Dorset, au **sud de l'Angleterre**, que l'animal parcourait au Jurassique inférieur, il y a environ 190 Ma.
- Au total, *Scelidosaurus* mesurait environ **4 m de long**. Il se déplaçait probablement à quatre pattes, bien qu'il ait peut-être été capable de se dresser sur ses membres postérieurs pour attraper de la nourriture.
- *Scelidosaurus* fut décrit en 1859 et nommé en 1861 par **Richard Owen**, l'homme qui inventa le mot « dinosaure ».

▸ Scelidosaurus *était l'un des ancêtres des espèces de dinosaures cuirassés plus grands et plus lourdement blindés qui apparurent par la suite, dotés de plaques osseuses appelées des scutelles.*

- *Scelidosaurus* était **herbivore**. Il découpait sa nourriture par de petites entailles, à l'aide de sa bouche en forme de bec. Il la mâchait ensuite avec ses dents évoquant la forme d'une feuille.
- *Scelidosaurus* fut l'un des tout premiers dinosaures à être couvert d'une **cuirasse protectrice** formée d'un ensemble de plaques osseuses.
- Une rangée de plaques osseuses appelées « **scutelles** » protégeaient le haut du cou, le dos et la queue de *Scelidosaurus*. Le long de ses flancs, il était également doté d'écailles osseuses coniques, qui ressemblaient un peu à des patelles fixées sur un rocher.

Les stégosaures

- Les stégosaures sont des dinosaures **herbivores** qui vécurent entre -160 et -140 Ma. Ils ont été nommés d'après ***Stegosaurus***, le membre le plus connu de leur groupe.
- On les appelle souvent **« dinosaures à plaques »** en raison des larges plaques osseuses plates dressées sur leur dos.
- Les stégosaures ont probablement émergé en **Asie orientale**, avant de se disperser sur d'autres continents, en particulier l'Amérique du Nord et l'Afrique.
- ***Kentrosaurus*** était un stégosaure de plus ou moins 5 m de long, pesant environ 1 tonne. Son nom signifie **« lézard épineux »**.

- ***Kentrosaurus*** peuplait l'Afrique orientale, approximativement entre -155 et -150 Ma.

La plupart des stégosaures ne possédaient pas de dents, mais à l'avant de la bouche, ils étaient dotés d'un **bec corné** comme celui des oiseaux. Ils s'en servaient pour découper les feuilles, qu'ils mastiquaient ensuite à l'aide de leurs petites dents striées.

Le sais-tu ?

En 2006, des fossiles de Stegosaurus ont été identifiés au Portugal. Ils constituent la première preuve de la présence de ce dinosaure en Europe.

◀ *Les plaques dorsales de* Kentrosaurus *étaient plus grandes et plus étroites que celles de* Stegosaurus.

Stegosaurus

- *Stegosaurus* était le **plus grand représentant du groupe des stégosaures**. On a trouvé la plupart de ses fossiles dans les États actuels du Colorado, de l'Utah et du Wyoming, aux États-Unis.
- *Stegosaurus* vécut vers la **fin du Jurassique**, entre -155 et -150 Ma.
- *Stegosaurus* mesurait en moyenne 6,50 m, mais **certains individus atteignaient 9 m de long** et dépassaient probablement 4 tonnes.
- Les **grandes plaques osseuses** grossièrement triangulaires constituaient sa caractéristique essentielle.
- *Stegosaurus* signifie **« lézard à toit »**, parce que l'on a d'abord imaginé que ces plaques osseuses reposaient à plat sur son dos, se chevauchant à la manière des tuiles d'un toit.

- On pense désormais que ces plaques formaient **deux longues rangées verticales** dressées sur l'échine de l'animal.
- Elles permettaient peut-être à ce dinosaure de **réguler sa température corporelle**, en lui permettant de se réchauffer rapidement quand il exposait ses plaques aux rayons du Soleil.
- Trop fragiles pour constituer une protection efficace, les plaques dorsales étaient possiblement recouvertes d'**une peau de couleur vive**, destinée à intimider ses ennemis.
- *Stegosaurus* se servait probablement de **sa queue armée de quatre longues pointes** comme d'un fouet, qu'il agitait pour se défendre contre ses ennemis.

◀ *Les courts membres antérieurs de Stegosaurus indiquent qu'il mangeait des plantes basses.*

Tuojiangosaurus

- *Tuojiangosaurus* appartenait au **groupe des stégosaures**. Il vécut pendant le Jurassique supérieur, approximativement entre -162 et -155 Ma.
- Le **premier squelette de dinosaure presque complet** retrouvé en Chine était celui de *Tuojiangosaurus*. D'autres squelettes fossiles de cet animal sont exposés dans plusieurs musées chinois.
- *Tuojiangosaurus* signifie **« lézard de la rivière Tuo »**.
- *Tuojiangosaurus* mesurait au total quelque **7 m de long** et pesait vraisemblablement **entre 2 et 4 tonnes**.
- Comme les autres stégosaures, *Tuojiangosaurus* possédait de **grandes plaques osseuses sur l'échine**.

Grossièrement triangulaires, ces **plaques dorsales** se dressaient probablement sur son dos en deux rangées, partant du cou pour s'arrêter au milieu de l'appendice caudal.

Tuojiangosaurus cueillait des plantes basses avec sa **bouche en forme de bec**, puis les mâchait partiellement à l'aide de ses molaires dentelées.

◄ *Les quatre longues piques pointant à 45°, et formant un V à l'extrémité de la queue de Tuojiangosaurus, constituaient probablement un organe de défense contre ses ennemis.*

Les ankylosaures

- Les ankylosaures étaient recouverts d'une **cuirasse protectrice** composée plaques osseuses.
- Contrairement aux nodosaures, également cuirassés, les ankylosaures avaie l'extrémité de la queue dotée d'un amas osseux formant une **sorte de mass** dont ils usaient sans doute pour se défendre.
- *Euoplocephalus* est l'un des **ankylosaures les mieux connus**, grâce aux foss d'environ 40 individus.
- *Euoplocephalus* mesurait environ **6 m de long** et pesait **2 tonnes**, voire plus vécut autour de -75 Ma, dans la région de l'Alberta au Canada, mais aussi d Montana aux États-Unis, où il semble avoir été abondant.
- *Euoplocephalus* possédait des **plaques osseuses** sur la tête et le corps, et même sur ses paupières ! Son dos, son cou et sa tête étaient hérissés de pointes émoussées.

▲ *La massue tout au bout de l'appendice caudal d'Euoplocephalus était constituée d'excroissances osseuses fusionnées entre elles.*

- Les spécimens d'*Euoplocephalus* que l'on a découverts étaient généralement isolés, ce qui suggère qu'**ils ne vivaient pas en groupes**.

Le sais-tu ?
Pinacosaurus, qui vécut en Asie entre -80 et -75 Ma, atteignait environ 5 m de long.

- L'ankylosaure ***Pinacosaurus*** avait la peau couverte de nodules osseux, au point que sa cuirasse ressemblait à une cotte de mailles. Des rangées de piques épointées couraient du cou à l'extrémité de la queue.

- Les **petites dents fragiles** des ankylosaures laissent supposer qu'ils se nourrissaient de végétaux tendres, comme des fougères et des prêles.

▲ *Euoplocephalus collectait probablement les végétaux à l'aide de sa bouche de forme de bec.*

Les nodosaures

- Les nodosaures forment un sous-groupe de dinosaures cuirassés, membres du **groupe principal des ankylosaures**.
- Le **sous-groupe des nodosaures** inclut *Edmontonia*, *Sauropelta*, *Polacanthus* et *Nodosaurus*.
- Les nodosaures étaient des **herbivores lents** et trapus, dont la peau était recouverte d'une cuirasse protectrice, constituée d'épais nodules et de plaques osseuses.
- La plupart des nodosaures vécurent entre -151 et -66 Ma, au cours du **Jurassique supérieur et du Crétacé**.
- ***Edmontonia*** parcourait l'Amérique du Nord pendant le Crétacé supérieur, entre -75 et -66 Ma.
- Il mesurait environ **7 m de long**, mais à cause de son armure osseuse, il était très lourd pour sa taille. On estime qu'il pesait **plus ou moins 4 tonnes**.

- Le cou, l'échine et la queue d'*Edmontonia* étaient recouverts de rangées de **plaques aplaties hérissées de pointes**.
- Âgé de 120 à 130 Ma, le nodosaure ***Polacanthus*** mesurait environ 5 m de long.
- **D'après ses fossiles**, *Polacanthus* peuplait l'île de Wight, en Angleterre, et peut-être aussi l'Amérique du Nord, particulièrement le Dakota du Sud aux États-Unis.

◄ *Edmontonia fut l'un des tout derniers dinosaures. Il était recouvert de nombreuses protubérances osseuses et de pointes acérées qui le protégeaient de ses ennemis*

Le sais-tu ?

Comme chez beaucoup de nodosaures, les epaules d'Edmontonia et de Polacanthus étaient probablement surmontées de longues pointes redoutables, qu'ils utilisaient pour transpercer leurs ennemis.

Sauropelta

- *Sauropelta* était un **nodosaure**, une sorte de dinosaure cuirassé.
- *Sauropelta* signifie **« lézard-bouclier »**. Ce dinosaure fut ainsi dénommé à cause des **gros nodules osseux coniques**, qui recouvraient sa tête, son cou, son dos et sa queue. Certains de ces nodules étaient presque aussi grands qu'une assiette !
- Ces **excroissances osseuses** alternaient avec d'autres plus petites, de la taille d'un poing.
- *Sauropelta* était doté d'une **rangée de pointes affilées de chaque côté du corps**, de l'arrière des yeux à l'extrémité de la queue, où leur taille diminuait.
- D'un poids avoisinant **2 tonnes**, *Sauropelta* mesurait environ **5 à 6,50 m de long** en comptant son appendice caudal.

▸ *Quand il était attaqué, Sauropelta se tapissait probablement sur le sol pour protéger son ventre mou. Il balançait peut-être aussi la tête pour poignarder ses ennemis avec les longues piques de son cou.*

- La **cuirasse** de *Sauropelta* était souple, un peu comme une armure associant des morceaux de métal fichés dans un cuir épais. Elle permettait à ce dinosaure d'effectuer des mouvements de torsion. Il était cependant incapable de courir vite.
- Ses **membres trapus**, semblables à des piliers, lui permettaient de soutenir son poids considérable
- À l'aide de sa **bouche en forme de bec**, *Sauropelta* cueillait probablement des plantes basses, dont il se nourrissait.

Le sais-tu ?

Sauropelta vécut entre -115 et -110 Ma, dans le Montana et le Wyoming actuels aux États-Unis.

L'estimation de la taille

- On sait que **les plus grands dinosaures étaient les sauropodes**, comme *Giraffatitan*, *Brachiosaurus* et *Argentinosaurus*, mais il est très difficile d'éval avec exactitude le poids de ces dinosaures de leur vivant.
- ***Giraffatitan*** est connu grâce à de nombreux fossiles, de squelettes presque complets, qui ont permis de mesurer sa longueur avec précision, soit 22 m
- Le **poids d'un dinosaure** peut être évalué à partir d'un modèle de son squ recouvert d'argile.
- L'argile permet de **reproduire les muscles, les viscères et la peau**, en se sur les organes de reptiles comparables comme les crocodiles. Cette estima peut également être effectuée par une modélisation sur ordinateur. Grâce technique, on a pu déterminer que *Giraffatitan* pesait entre 20 et 40 tonne

- On imerge ensuite dans l'eau le **modèle en argile,** afin d'apprécier sa taille et établir son volume.
- Le volume du modèle est alors **remis à l'échelle**, pour donner celui du véritable dinosaure quand il était vivant.
- Le sauropode ***Apatosaurus*** est aujourd'hui bien connu, car une douzaine de squelettes réunissant quasiment tous les os du corps ont été identifiés.

▲ On estime qu'en dépit de sa corpulence massive, Apatosaurus était capable de trotter de façon étonnamment rapide sur ses membres relativement longs.

- Les **paléontologues** ont fait plusieurs essais, en recouvrant le squelette d'*Apatosaurus* de différentes quantités d'argile. C'est pourquoi l'estimation de son poids varie de 15 à plus de 40 tonnes.
- En revanche, la **longueur d'*Apatosaurus*** est définie avec précision : il mesurait 21 m en tout.
- Des fossiles de ***Brontosaurus*** se sont révélés être identiques à ceux d'*Apatosaurus*, et comme le nom *Apatosaurus* avait été attribué en premier, c'est celui qui a été conservé. Il n'existe donc officiellement plus aucun dinosaure appelé *Brontosaurus*.

◀ La reconstitution d'Argentinosaurus a été réalisée à partir d'une quantité relativement faible de ses propres os, que l'on a combinés avec ceux de dinosaures sauropodes similaires.

Le sais-tu ?

Les poids et les volumes des reptiles actuels sont utilisés pour estimer ceux des dinosaures de leur vivant.

Les fabrosaures

- Les fabrosaures étaient des **dinosaures de petite taille**, qui vécurent vers la fin du Trias et le début du Jurassique, approximativement entre -210 et -200 Ma.
- Ce groupe a été dénommé d'après ***Fabrosaurus***, un dinosaure qui a lui-même été nommé en 1964, d'après le fossile d'un fragment d'os de sa mâchoire inférieure trouvé en Afrique australe.

▲ *D'aspect extérieur, Lesothosaurus ressemblait aux petits dinosaures prédateurs comme Compsognathus. Mais les fossiles de ses dents et de ses mâchoires montrent qu'il était probablement herbivore, et l'un des premiers membres du groupe des ornithischiens.*

- ***Lesothosaurus*** était un fabrosaure dont les fossiles ont été découverts dans la région du Lesotho, en Afrique australe, à côté de fossiles de *Fabrosaurus*. Son nom lui a été attribué en 1978.
- Avec sa silhouette menue, *Lesothosaurus* mesurait à peine **1 m de long** et serait arrivé à la hauteur du genou d'un être humain adulte. Ses membres postérieurs élancés et ses longs doigts indiquent qu'il était un coureur rapide.
- Les dents et autres fossiles de *Lesothosaurus* semblent démontrer qu'il consommait des **plantes basses, telles que les fougères**.
- Les dents de *Lesothosaurus* étaient légèrement orientées vers l'intérieur de la bouche, ce qui suggère qu'il avait des **abajoues charnues**, à l'intérieur desquelles il pouvait stocker ou mâcher sa nourriture.

- Quand il cherchait sa **nourriture au sol**, *Lesothosaurus* s'accroupissait peut-être pour prendre appui sur ses petits membres antérieurs.
- *Lesothosaurus* **vivait en troupeau**. Il est probable qu'il broutât, tout en restant en alerte pour détaler au cas où le moindre danger se présenterait.
- Certains **paléontologues** soutiennent que *Lesothosaurus* et *Fabrosaurus* sont un seul et même dinosaure, dont l'appellation ne devrait donc pas être différente.

Heterodontosaurus

- *Heterodontosaurus* vécut approximativement entre -200 et -195 Ma, à l'aube du Jurassique. Ce très petit dinosaure de **seulement 1 m**, soit la longueur d'un gros chien, parvenait tout juste au niveau du genou d'un être humain adulte.
- Il n'est pas exclu qu'*Heterodontosaurus* se soit occasionnellement tenu debout sur ses membres postérieurs plus longs que les antérieurs. De fait, il devait être un **coureur rapide**.
- Les **fossiles** d'*Heterodontosaurus* proviennent du Lesotho, en Afrique australe, et de la Province du Cap, en Afrique du Sud.
- La plupart des dinosaures possédaient **des dents** toutes de la même forme, mais *Heterodontosaurus* en présentait **trois types différents**.

▼ *Heterodontosaurus se nourrissait probablement de végétaux de faible hauteur.*

Les **dents situées au devant de la bouche** cornée de l'animal étaient petites, pointues et uniquement portées par la mâchoire supérieure. Elles servaient vraisemblablement à découper la végétation.

Le sais-tu ?

Heterodontosaurus signifie « lézard aux dents diverses ».

Les **quatre dents du milieu** étaient longues et recourbées, comme les défenses d'un sanglier. Elles constituaient peut-être une parade ou une arme de combat contre d'éventuels ennemis.

Les **dents du fond** étaient longues et surmontées de petites protubérances tranchantes appelées cuspides. Leur fonction était la mastication.

▶ *Élancé et de faible taille, Heterodontosaurus ressemblait aux petits carnivores comme Compsognathus, bien qu'il fût probablement omnivore, c'est-à-dire se nourrissant à la fois de matières végétales et animales.*

Iguanodon

- Appartenant au **groupe des ornithopodes**, *Iguanodon* était un grand dinosaure herbivore. Il vécut pendant le Crétacé inférieur et le Crétacé moyen, entre -30 et -125 Ma.
- De nombreux **fossiles** d'*Iguanodon* furent trouvés dans plusieurs pays européens, parmi lesquels la Belgique, mais aussi le Royaume-Uni, l'Allemagne et l'Espagne.
- *Iguanodon* mesurait environ **10 à 11 m**, et pesait probablement de **4 à 5 tonnes**, soit un poids comparable à celui d'un gros éléphant.
- On suppose qu'Iguanodon se déplaçait fréquemment en **position bipède** sur ses membres postérieurs épais et puissants, tout en maintenant son corps à l'horizontale.
- Il avait une **pointe conique sur le pouce**, qu'il exploitait peut-être comme une arme pour blesser ses rivaux ou ses ennemis.

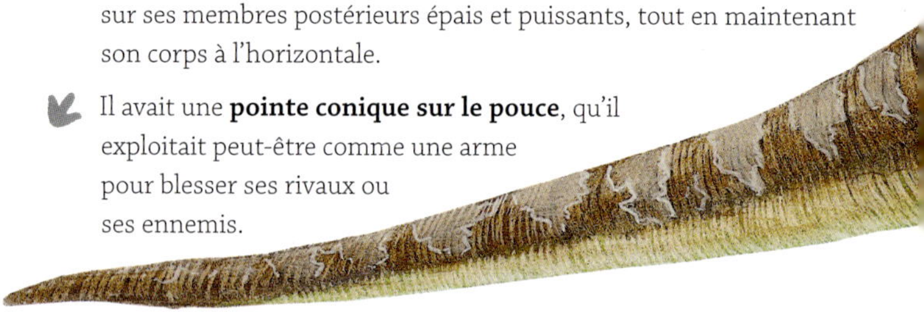

Le sais-tu ?

Iguanodon fut l'un des tout premiers dinosaures à recevoir un nom scientifique officiel. C'était en 1825.

- Les **trois doigts centraux** de ses pattes étaient dotés de griffes semblables à des sabots, probablement utilisées pour marcher à quatre pattes de temps à autre.
- **Apte à replier son cinquième doigt** (ou auriculaire) en travers de la patte pour saisir des objets, *Iguanodon* s'en servait peut-être pour guider les plantes jusqu'à sa bouche.

▼ *Iguanodon est bien connu aujourd'hui grâce à ses nombreux fossiles d'individus différents.*

▲ *Sa pointe de pouce constituait un organe de défense, et ses doigts s'emparaient de la nourriture.*

Les dinosaures à bec de canard

- Le nom commun des membres du **groupe des hadrosaures** est **« dinosaures à bec de canard »**.
- Les hadrosaures étaient de **gros herbivores** essentiellement bipèdes, disposant pour se déplacer de robustes membres postérieurs. Ils forment l'un des derniers grands groupes de dinosaures à apparaître sur Terre, il y a moins de 100 Ma.
- Les hadrosaures ont été dénommés d'après ***Hadrosaurus***, le premier représentant du groupe, dont les fossiles ont été découverts en 1858, dans des sédiments marins du New Jersey, aux États-Unis.
- Le nom ***Hadrosaurus* signifie « lézard fort »**.
- La plupart des hadrosaures possédaient une **bouche large et aplatie**, dépourvue de dents à l'avant, comme le bec d'un canard.
- Disposées en rangées appelées « batteries », **de nombreuses molaires** tapissaient l'arrière de la bouche des hadrosaures. Elles étaient idéales pour mâcher les plantes coriaces.

Le sais-tu ?

Edmontosaurus était peut-être doté d'une sorte de sac de peau sur le museau, qu'il aurait gonflé comme un ballon, afin de produire différents sons, possiblement destinés à attirer et à séduire un(e) partenaire.

- Certains hadrosaures, en particulier *Corythosaurus*, *Saurolophus* et *Parasaurolophus*, avaient le **crâne relevé de crêtes ou de protubérances osseuses**, aussi grandes que sophistiquées.
- *Anatosaurus*, *Bactrosaurus*, *Kritosaurus* et *Edmontosaurus* comptaient parmi les hadrosaures qui étaient **dépourvus de crêtes osseuses**, au crâne lisse.

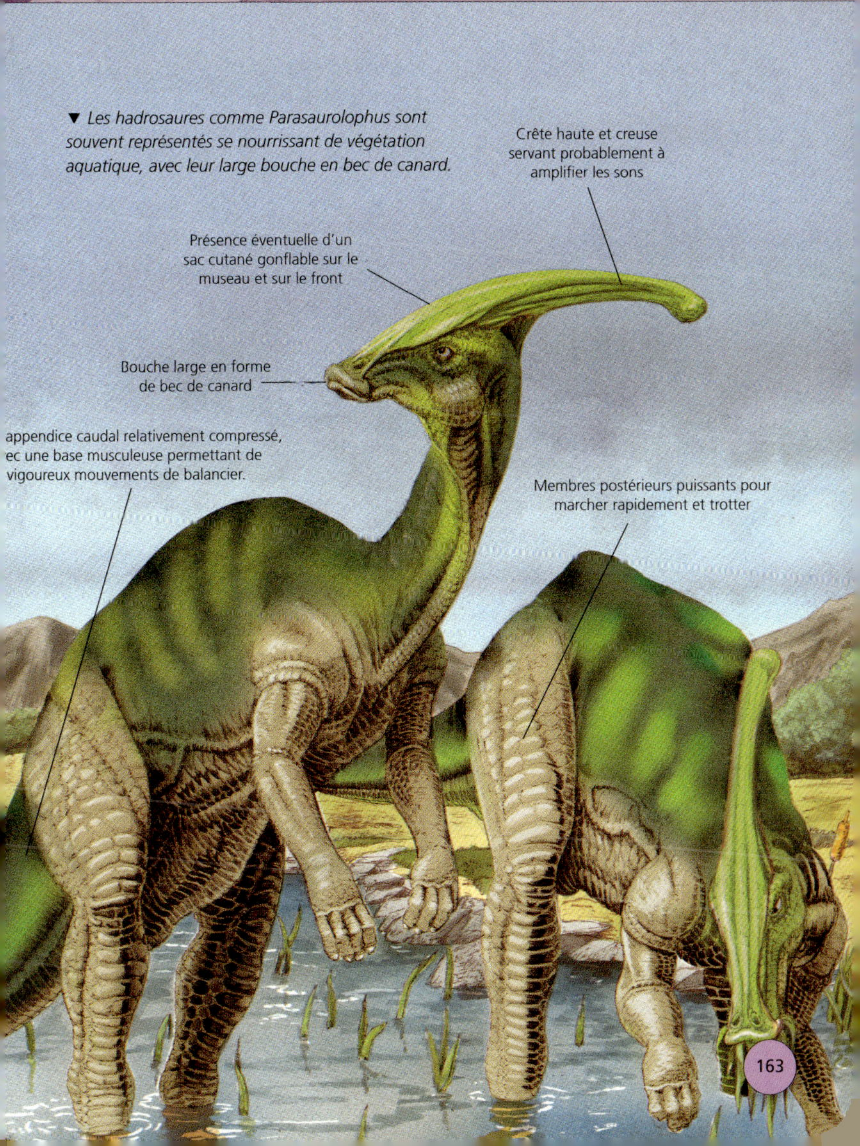

▼ *Les hadrosaures comme Parasaurolophus sont souvent représentés se nourrissant de végétation aquatique, avec leur large bouche en bec de canard.*

Psittacosaurus

- *Psittacosaurus* était un **herbivore** et un parent primitif du groupe des cératopsiens, ou « faces cornues ».
- *Psittacosaurus* signifie **« lézard-perroquet »**. Il tire son nom de sa bouche en forme de bec, rappelant celui d'un perroquet. Il vécut pendant le Crétacé moyen, entre -125 et -100 Ma.
- *Psittacosaurus* mesurait environ **2 m de long**, pesait environ **20 kg**, et chacune de ses pattes comportait quatre doigts.

- *Psittacosaurus* reçut sa **dénomination en 1923**, d'après des fossiles trouvés en Mongolie, en Asie centrale. Des vestiges de ce dinosaure ont par ailleurs été découverts dans différents sites un peu partout en Asie, notamment en Sibérie, en Chine et en Thaïlande.
- *Les* **membres postérieurs** de *Psittacosaurus* étaient plus longs et plus puissants que ses membres antérieurs. Cela suggère que ce dinosaure adoptait peut-être la bipédie pour courir rapidement, au lieu d'aller à quatre pattes.
- Au centre des joues, les **mâchoires** de *Psittacosaurus* étaient dotées de nombreuses dents pointues, capables de couper et de débiter les matières végétales les plus dures.

Le sais-tu ?

Les témoignages fossiles montrent que les bébés Psittacosaurus fraîchement éclos n'étaient guère plus grands qu'une main humaine.

◄ *L'un des fossiles de Psittacosaurus adulte fut trouvé avec plus de 30 jeunes, qu'il était peut-être chargé de surveiller.*

Les cératopsiens

- Les cératopsiens étaient de **grands herbivores**, apparus il y a environ 140 Ma.
- Les **fossiles** de cératopsiens proviennent d'Europe, d'Amérique du Nord et d'Asie.
- *Cératopsien* signifie **« faces cornues »**, une désignation donnée en raison des longues cornes qui surmontaient le museau, les yeux ou le front de ces dinosaures.

- *Triceratops*, *Styracosaurus*, *Centrosaurus*, *Pentaceratops*, *Anchiceratops*, *Chasmosaurus* et *Torosaurus* figuraient parmi les **membres des cératopsiens.**
- La plupart des cératopsiens étaient dotés d'un **bouclier au niveau du cou**. Cette épaisse et robuste collerette s'étendait latéralement et derrière le crâne, afin de protéger le cou et les épaules de l'animal.
- La **collerette** de certains cératopsiens, comme celle de *Chasmosaurus*, étaient constituée d'une structure osseuse percée de larges ouvertures ou « fenêtres ».
- Les cératopsiens n'avaient pas de dents à l'avant de leur **bouche crochue comparable à un bec**. Plusieurs rangées de robustes molaires leur permettaient d'arracher à leur support les végétaux dont ils se nourrissaient.

Le sais-tu ?

Torosaurus disposait de l'un des crânes les plus longs qu'un animal terrestre ait jamais possédé. Il mesurait environ 2,60 m du bout du museau à l'arrière de la collerette.

◄▲ *Chaque espèce de cératopsien possédait des collerettes, des cornes et des pointes de formes différentes.*

Triceratops

- On a trouvé quantité de restes fossiles de *Triceratops*. C'est l'un des dinosaures les plus étudiés et les mieux connus. Il a vécu à la toute fin de l'âge des dinosaures, **entre -70 et -66 Ma**.
- *Triceratops* était **le plus grand des cératopsiens herbivores**, ou dinosaures à « face cornue ».
- On a découvert les **fossiles de plus de 100 *Triceratops*** en Amérique du Nord, mais jamais aucun squelette véritablement complet.
- *Triceratops* mesurait environ **9 m de long** et pouvait peser de **4 à 6 tonnes**, soit autant que deux ou trois gros rhinocéros blancs d'aujourd'hui.
- En plus de la **corne courte** qu'il avait **sur le nez** et des **deux cornes de 1 m au-dessus des yeux**, *Triceratops* était également doté d'une large collerette, qui recouvrait son cou comme une plaque incurvée.
- Cette collerette marquait peut-être de point d'ancrage des **puissants muscles masticateurs** de l'animal.
- Agissant comme un **bouclier**, la collerette osseuse protégeait probablement *Triceratops* lorsqu'il affrontait ses prédateurs.
- Il n'est pas exclu qu'elle ait aussi revêtu des **couleurs vives** pour intimider ses concurrents, ses ennemis, ou encore impressionner ses partenaires potentielles.
- *Triceratops* ne possédait pas de dents à l'avant de sa bouche en forme de bec. En revanche, au niveau des joues, il disposait de **dents** pour mastiquer sa nourriture.

▶ *Le bec, la tête et la collerette de Triceratops constituaient près d'un quart de sa longueur.*

Les pachycéphalosaures

- Les pachycéphalosaures furent l'un des derniers groupes de dinosaures à apparaître. La plupart vécurent entre **-80 et -66 Ma**.
- Ils doivent leur nom à ***Pachycephalosaurus***, l'un des représentants les plus connus de ce groupe.
- *Pachycephalosaurus* signifie **« lézard au crâne épais »**, en raison de l'os bombé et extrêmement épais situé au sommet de son crâne, et qui rappelle le casque d'un cycliste.
- D'une longueur totale d'**environ 5 m**, voire plus, *Pachycephalosaurus* vivait en Amérique du Nord, principalement au Canada, mais aussi dans le Midwest américain et en Asie.

Le sais-tu ?

Le plus ancien de tous les pachycéphalosaure avait le crâne protégé par une calotte osseuse de plus de 5 cm d'épaisseur.

▶ *Une épaisse formation osseuse sur le dessus du crâne faisait de Pachycephalosaurus un représentant caractéristique de son groupe.*

▲ *Mesurant seulement 1 m de long, Wannanosaurus était l'un des plus petits pachycéphalosaures. Certains paléontologues suggèrent qu'il agressait ses rivaux à grands coups de tête, mais pour d'autres, son crâne renforcé n'était qu'un organe défensif.*

- Dinosaure également originaire d'Amérique du Nord, ***Stegoceras*** mesurait environ 2 m de long, et son corps avait le gabarit d'une chèvre.

- ***Homalocephale*** atteignait près de 2 m de long, et possédait un crâne beaucoup plus plat. Il parcourait l'Asie centrale vers -70 Ma.

- Les pachycéphalosaures se défendaient éventuellement **en chargeant leur ennemis tête baissée**.

- Durant la **période de reproduction**, les mâles combattaient peut-être leurs rivaux de la même façon, mais on ignore où et comment pouvaient se dérouler ces affrontements.

La peau

- Les fossiles de peau ont révélé que les dinosaures étaient **couverts d'écailles**, à l'instar des reptiles actuels.
- Au contraire des écailles des serpents qui se chevauchent à la surface de la peau, celles des dinosaures étaient solidement **fichées dans leur cuir épais et robuste**, comme chez les crocodiles.
- Lorsque les **premiers morceaux de peau fossilisée** de dinosaures ont été découverts au milieu des années 1800, les scientifiques croyaient qu'ils appartenaient à des crocodiles préhistoriques géants.
- La peau fossile du dinosaure à cornes ***Chasmosaurus*** illustre la présence de **grosses protubérances** (ou nodules) appelées « tubercules » disséminées parmi les écailles de taille normale.
- On a également découvert de la peau fossilisée sur des spécimens d'***Edmontosaurus***, un hadrosaure à bec de canard.

◄ *De la tête à la queue, Scelidosaurus était couvert de scutelles dures (lames osseuses) et de nodules. Cela servait probablement à le protéger des dinosaures prédateurs.*

▶ *La peau fossilisée, comme cet échantillon issu d'un Edmontosaurus, est une trouvaille relativement rare.*

- ***Edmontosaurus*** était recouvert de **milliers d'écailles semblables à de petits galets** et parsemées de nodules plus gros (tubercules).
- Divers fragments de peau fossilisée montrent que les écailles des dinosaures de type ***Iguanodon*** étaient plus grandes que celles des dinosaures à bec de canard de gabarit identique.
- Leur peau écailleuse **protégeait les dinosaures** des coups de dents et de griffes de leurs ennemis, ainsi que des égratignures accidentelles et des piqûres d'insectes, tels que les moustiques et les puces.

Le sais-tu ?

À la fois résistantes et flexibles, les écailles des dinosaures étaient très souvent de forme grossièrement hexagonale (à six côtés).

Les couleurs

- Personne ne sait avec certitude de quelle couleur étaient la plupart des dinosaures. Certains spécimens de peau fossilisée laissent apparaître **des motifs ou des nuances**, mais tous ont pris les couleurs de la pierre, puisque les fossiles sont des êtres vivants transformés en roche.
- Cependant, de **récentes découvertes de fossiles** ont permis d'étudier des structures porteuses de **pigments**, contenues à l'intérieur de certaines cellules appelées « mélanosomes ». Présentes dans les plumes des dinosaures, elles donnent des indices quant à la couleur de ces animaux.
- ***Sinosauropteryx*** arborait probablement des plumes rousses.

- Selon plusieurs paléontologues, certains dinosaures étaient peut-être **jaunes**, **rouges ou bleu vif**, voire ornés de rayures ou de motifs, comme certains lézards et serpents actuels.
- Les **couleurs vives** de certains dinosaures ont pu être destinées à effrayer leurs prédateurs ou à intimider leurs rivaux au moment de la reproduction. Ces couleurs leur permettaient peut-être aussi d'attirer des partenaires.
- Les **hautes voilures** sur l'échine de l'herbivore *Ouranosaurus* et sur celle du carnivore *Spinosaurus* servaient possiblement de signal visuel, en plus de réguler la température corporelle.
- Les grandes plaques osseuses qui hérissaient le dos des stégosaures tenaient peut-être également lieu de **signal visuel coloré**, afin de transmettre des messages à leurs rivaux et à leurs partenaires.

Certains dinosaures revêtaient sans doute des **couleurs similaires à celles des crocodiles**, des verts et des bruns ternes, qui leur permettaient de se camoufler dans leur environnement.

▲ *Les plumes de Dilong étaient des filaments semblables à des cheveux. Les couleurs appliquées à ses reconstitutions sont le résultat d'hypothèses mûrement réfléchies.*

Les cuirasses

- Un grand nombre de dinosaures étaient dotés de **cuirasses protectrices**.
- Certaines de ces cuirasses prenaient la forme de plaques osseuses, aussi appelées **« ostéodermes »**, qui se développaient dans certaines couches de la peau.
- Un dinosaure cuirassé pouvait peser **deux fois plus lourd** qu'un dinosaure non cuirassé de même taille.

- Plutôt original en comparaison du reste de son groupe, le grand sauropode ***Saltasaurus*** était doté d'une sorte de cuirasse formée de petits nodules osseux gros comme un petit pois qui, par centaines, recouvraient la peau de son dos.
- Sur l'échine, il était également doté d'une cinquantaine de **grandes pièces osseuses**, chacune de la dimension d'une main humaine.
- *Saltasaurusa* tire son nom de la **région de Salta**, en Argentine, où l'on a extrait ses fossiles. D'autres ont été localisés en Uruguay, également en Amérique du Sud.
- *Saltasaurus* mesurait **12 m de long** et pesait entre **6 et 8 tonnes**.

◄ *Cet* Ankylosaurus *balance sa queue à la manière d'un fouet, pour se défendre contre un spinosaure. La massue située à l'extrémité mesurait près de 1 m de diamètre.*

Les cornes

- Chacune des cornes comportait un noyau osseux et un revêtement extérieu fait d'un matériau résistant principalement constitué de kératine, la même substance que celle qui compose les ongles et les cheveux humains.
- La présence de cornes était plus fréquente chez les **dinosaures herbivores**. Elles étaient probablement utilisées comme armes défensives, notamment pour protéger les jeunes contre les prédateurs.
- Les plus grandes cornes étaient celles des cératopsiens, ou **« faces cornues »**, comme *Triceratops*.
- Chez **certains cératopsiens**, le noyau osseux à lui seul mesurait près de 1 m de long. Comme il était recouvert d'une gaine externe, la corne entière était donc encore plus longue.
- Chez le cératopsien *Styracosaurus*, ou **« lézard épineux »**, plusieurs longues cornes bordaient le haut de sa collerette. Il en possédait aussi une également très longue sur le nez.

Le sais-tu ?

Les dinosaures utilisaient peut-être leurs cornes pour abattre des végétaux ou déterrer des racines pour se nourrir.

- En balançant la tête, le dinosaure rendait sa **corne menaçante** pour ses rivaux, ce qui pouvait lui permettre d'éviter certains combats.
- **Quand ils se battaient**, les dinosaures mâles s'affrontaient peut-être à coups de cornes, comme le font les antilopes d'aujourd'hui.
- Certains dinosaures cuirassés, comme le nodosaure ***Panoplosaurus***, arboraient des pointes analogues à des cornes sur toute la longueur de ses flancs. Ces piques étaient plus grandes au niveau de l'épaule.

▼ *Si un ennemi s'approchait,* Triceratops *chargeait tête baissée, afin de le transpercer avec ses longues cornes effilées. La grande collerette osseuse autour de son cou le rendait encore plus effrayant.*

Les crêtes crâniennes

- De nombreux dinosaures avaient des nodules, des plaques ou autres **excroissances osseuses sur la tête**, généralement désignées sous le nom de « crêtes ».
- Il est possible que ces crêtes aient été **recouvertes de peau vivement colorée** afin de constituer un signal visuel.
- Les dinosaures carnivores pourvus d'une crête crânienne incluaient notamment **Carnotaurus** et ***Dilophosaurus***.
- Les **crêtes les plus amples** et les plus complexes étaient celles des hadrosaures.
- Le plus grand de ces appendices était probablement la longue crête osseuse creuse et tubulaire de l'hadrosaure ***Parasaurolophus***.

Le sais-tu ?

La crête de certains grands Parasaurolophus, sans doute des adultes mâles, atteignait la longueur incroyable de 1,80 m.

- Il est possible que les crêtes des hadrosaures aient contribué à **produire des sons**.
- Il y a quelques années, on pensait que l'hadrosaure ***Tsintaosaurus*** était doté d'une crête très singulière, formée d'un tube creux qui se dressait entre ses deux yeux, évoquant la corne d'une licorne.
- On songea ensuite que la drôle de crête de *Tsintaosaurus* provenait en fait d'un autre hadrosaure, ***Taenius***.
- Puis on identifia un autre spécimen de *Tsintaosaurus* arborant la **même crête**, si bien que l'on réattribua cet organe à l'espèce !

▼ *La longue crête de* Parasaurolophus *se terminait peut-être par un repli de peau pendant, relié à la nuque.*

Les dents

- Les dents étant les **parties les plus dures** du corps, c'est pourquoi elles comptent parmi les restes fossiles de dinosaures les plus répandus.
- Les dents de dinosaures sont de **toutes sortes de tailles et d'aspects**. Elles peuvent se présenter sous forme de dagues, de couteaux, de cisailles, de crochets, de peignes, de racloirs, de râpes semblables à des limes, d'étaux, ou être rassemblées en batteries pour broyer la nourriture.
- Chez certains dinosaures, près des trois quarts de la dent étaient fichés dans l'**os de la mâchoire**, ce qui n'en laissait qu'un quart visible.
- Les dents des **herbivores** comme *Iguanodon* avaient les **bords supérieurs dentelés**, qui frottaient les uns contre les autres, afin de broyer la nourriture.

▼▶ La forme, le nombre et la disposition des dents des dinosaures permettent de déterminer leur alimentation.

Tyrannosaurus avait des dents longues et robustes pour déchiqueter les chairs et briser les os.

Comme chez les reptiles modernes, **de nouvelles dents poussaient chez les dinosaures tout au long de leur vie**, pour remplacer les vieilles, usées ou cassées. Certaines des plus grandes dents de dinosaures appartenaient à *Daspletosaurus*, un carnivore ressemblant aux tyrannosaures, qui mesurait 9 m de long. Ses dents, quant à elles, atteignaient jusqu'à 18 cm de haut !

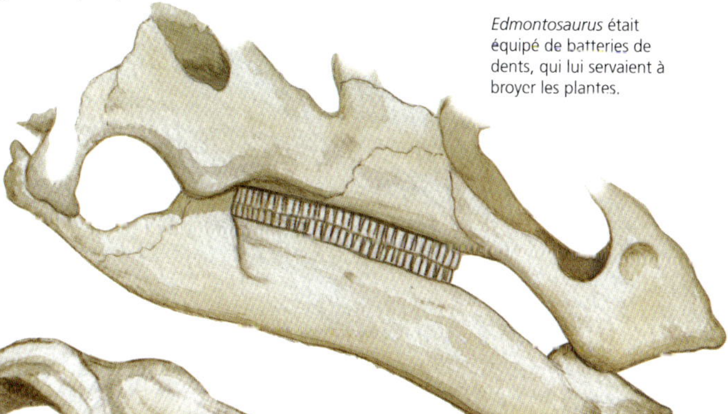

Edmontosaurus était équipé de batteries de dents, qui lui servaient à broyer les plantes.

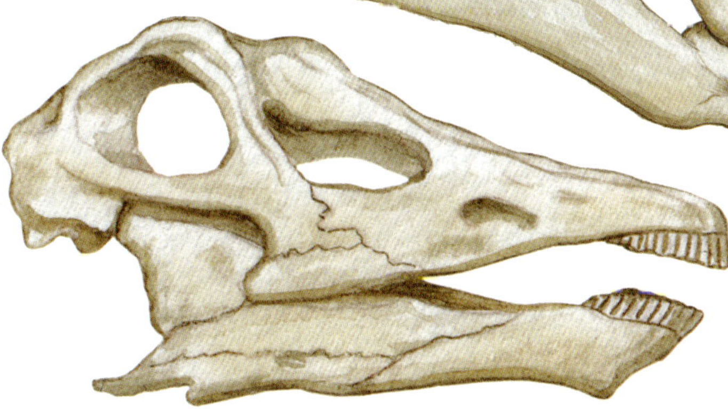

Apatosaurus avait des dents semblables à des piquets, pour ratisser les feuilles des branches.

Les becs

- Plusieurs espèces de dinosaures possédaient une **bouche édentée** présentant à l'avant la forme d'un bec.
- **On trouvait des dinosaures à bec** chez les cératopsiens (« faces cornues ») comme *Triceratops*, les ornithopodes comme *Iguanodon*, les hadrosaures (dinosaures à bec de canard), les stégosaures, les ségnosaures, ainsi que chez les ankylosaures (dinosaures cuirassés), mais aussi chez les rapides dinosaures-autruches.
- Chez la plupart des dinosaures à bec, les dents servant à **découper et mâcher la nourriture** étaient situées à l'arrière de la bouche, au niveau des joues, mais les dinosaures-autruches n'avaient pas de dents du tout.

▶ Psittacosaurus *était peut-être un membre primitif du groupe des cératopsiens. Il était doté d'un bec d'oiseau caractéristique, mais n'avait pas encore développé de cornes sur la tête ni de collerette.*

▶ Protoceratops *avait un crâne haut, avec des mâchoires profondes terminées par un bec pointu.*

- Les becs des dinosaures se composaient d'une mâchoire supérieure, la **maxillaire**, et d'une mâchoire inférieure, la **mandibule**. Les os situés à l'avant des mâchoires des dinosaures à bec étaient recouverts de corne qui formait l'enveloppe externe du bec.

- Ces dinosaures utilisaient très certainement leur bec pour **picorer, découper en petits morceaux, déchiqueter et trancher** leur nourriture. Ils l'utilisaient peut-être aussi pour se défendre contre leurs ennemis.

Le sais-tu ?

Proportionnellement au reste de leur corps, Oviraptor et Psittacosaurus possédaient les becs les plus gros.

Les nez

- Comme beaucoup d'animaux modernes, les dinosaures **respiraient par la bouche ou par le nez**.
- Les crânes de dinosaures fossiles montrent la présence de **deux ouvertures nasales**. Celles-ci conduisaient à l'intérieur du crâne, aux fosses nasales abritant les organes de l'odorat.
- Certains carnivores, en particulier les carnosaures comme *Allosaurus* et *Tyrannosaurus*, avaient de très grandes fosses nasales, et par conséquent un **odorat probablement bien développé**.
- Chez la plupart des dinosaures, les ouvertures nasales étaient situées à l'**avant du museau**, juste au-dessus de la mâchoire supérieure.
- Mais chez d'autres, en particulier chez les sauropodes comme *Mamenchisaurus* et *Brachiosaurus*, les fosses nasales étaient situées plus **haut sur le crâne**, entre les deux yeux.

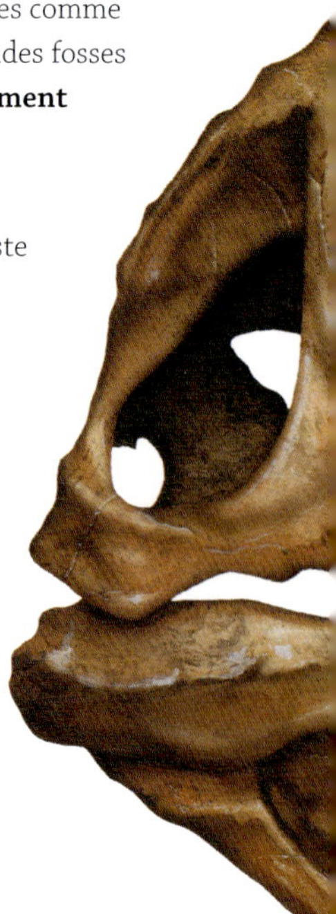

Le sais-tu ?

Chez les hadrosaures, les voies aériennes à l'intérieur des crêtes osseuses du crâne dépassaient 1 m de long.

▼ *Les narines à l'extrémité du museau de* Tyrannosaurus *étaient particulièrement larges.*

- Les fossiles révèlent que pour permettre la respiration, les **voies aériennes** ainsi constituées se prolongeaient au-delà des fosses nasales, à l'intérieur du crâne.
- Les ouvertures nasales conduisaient à des ouvertures externes dans la peau, **les narines**. Les résultats de nouvelles études suggèrent que les narines des dinosaures étaient situées plus bas que leurs fosses nasales, à l'avant du museau.

Les yeux

On n'a jamais trouvé aucun fossile d'œil de dinosaure. Constitués de tissus mous, les yeux se décomposaient rapidement après la mort, ou étaient dévorés par des charognards.

▲ Tyrannosaurus rex *avait de grands yeux, dont la position côte à côte à l'avant de la tête lui permettait de mieux voir devant que sur les côtés. T. rex bénéficiait donc d'une vision binoculaire, grâce à laquelle il était capable de bien évaluer les distances.*

▶ *Les orbites oculaires de* Troodon *étaient très grandes, comme le montre ici l'ouverture centrale très allongée.*

- Les principaux indices permettant de reconstruire les yeux des dinosaures proviennent de leurs **orbites**, c'est-à-dire les cavités du crâne où venaient se loger les yeux.
- Ces orbites des crânes fossiles nous indiquent que les yeux des dinosaures étaient pareils à ceux des **reptiles** actuels.
- ***Vulcanodon***, un sauropode de 6 m de long, possédait des yeux minuscules en proportion de la taille de sa tête. Ils étaient situés sur les côtés, ce qui lui permettait d'avoir une **vision panoramique**.
- Les dinosaures dotés de petits yeux n'avaient probablement une bonne vision que **pendant la journée**.
- Le petit carnivore ***Troodon*** avait des yeux relativement grands, et probablement une bonne vue, y compris dans la pénombre.
- Les **yeux de *Troodon*** pointaient vers l'avant, ce qui le faisait bénéficier d'une vision plus détaillée et d'une meilleure évaluation des distances.
- À partir de la forme de leur crâne, on sait que certains dinosaures avaient dans le cerveau de grands renflements, appelés **« lobes optiques »**. Ceux qui en étaient équipés avaient probablement une excellente vue, peut-être même la nuit.

Le sais-tu ?

L'herbivore Leaellynasaura avait de grands lobes optiques et donc probablement une très bonne vue.

Les cerveaux

- L'**intelligence** d'un animal se définit notamment par le rapport de propor[tion] entre la taille de son cerveau et celle de son corps.
- Certains crânes de dinosaure fossilisés ont conservé l'empreinte de la **cavité qui abritait le cerveau**, révélant ainsi ses dimensions et sa forme approximative.
- Dans certains cas, un **morceau de roche** s'est formé à l'intérieur de certai[ns] crânes fossilisés, prenant la taille et la forme du cerveau qu'il contenait.
- ***Stegosaurus*** **possédait un minuscule cerveau** de 70 à 80 g, alors que lui-même pesait entre 3 et 4 tonnes ! Celui-ci ne représentait en moyenne qu[e] 1/50 000e du poids de son corps, contre 1/50e chez l'homme.
- Le poids du cerveau de ***Brachiosaurus*** ne constituait probablement que 1/100 000e de celui de son corps entier.

▶ *Le paisible herbivore* Stegosaurus *n'aurait su que faire de l'intelligence d'un chasseur furtif comme* Troodon.

▼ *En proportion de son corps,* Stegosaurus *possédait l'un des plus petits cerveaux de tous les dinosaures. Sa taille avoisinait celle d'une balle de golf.*

▲ *Les petits carnivores comme* Deinonychus *étaient dotés de plus gros cerveaux, et faisaient peut-être preuve de plus d'intelligence.*

- Le cerveau du petit carnivore ***Troodon*** représentait environ 1/100e du poids de son corps, ce qui signifie qu'il était probablement l'**un des dinosaures les plus intelligents**.
- Chez la plupart des dinosaures, le rapport entre la taille du cerveau et celle du corps est à peu près le même que chez les **reptiles** modernes.
- Les carnivores de petit ou moyen gabarit comme ***Troodon*** étaient peut-être **aussi intelligents que les rats ou les perroquets**.
- On pensait autrefois que ***Stegosaurus*** possédait un « **deuxième cerveau** » à la base de la queue. Les paléonthologues savent désormais que ce n'est pas possible, mais ignorent toujours avec certitude ce qui remplissait l'excroissance constatée à cet endroit.

Les gastrolithes

- Des fossiles de dinosaures ont fréquemment été localisés à proximité de **pierres lisses et arrondies**, analogues à des galets de plage.
- Ces pierres sont généralement retrouvées **aux côtés de grands dinosaures herbivores**, notamment des prosauropodes comme *Massospondylus*, *Plateosaurus* et *Riojasaurus*, des sauropodes tels que *Brachiosaurus* et *Diplodocus* et des stégosaures, mais aussi à proximité du dinosaure à bec de perroquet *Psittacosaurus*.
- Certains dinosaures herbivores s'aidaient peut-être de ces pierres sans aspérités pour **digérer leurs aliments.**
- Ces galets couramment retrouvés près de fossiles de dinosaures sont appelés **« gastrolithes »**.
- Les gastrolithes étaient des pierres que le dinosaure **avalait délibérément**.
- Dans l'estomac, les gastrolithes agissaient comme des sortes de meules, **écrasant et broyant la nourriture**, afin de la décomposer en une pulpe molle, pour une meilleure digestion.

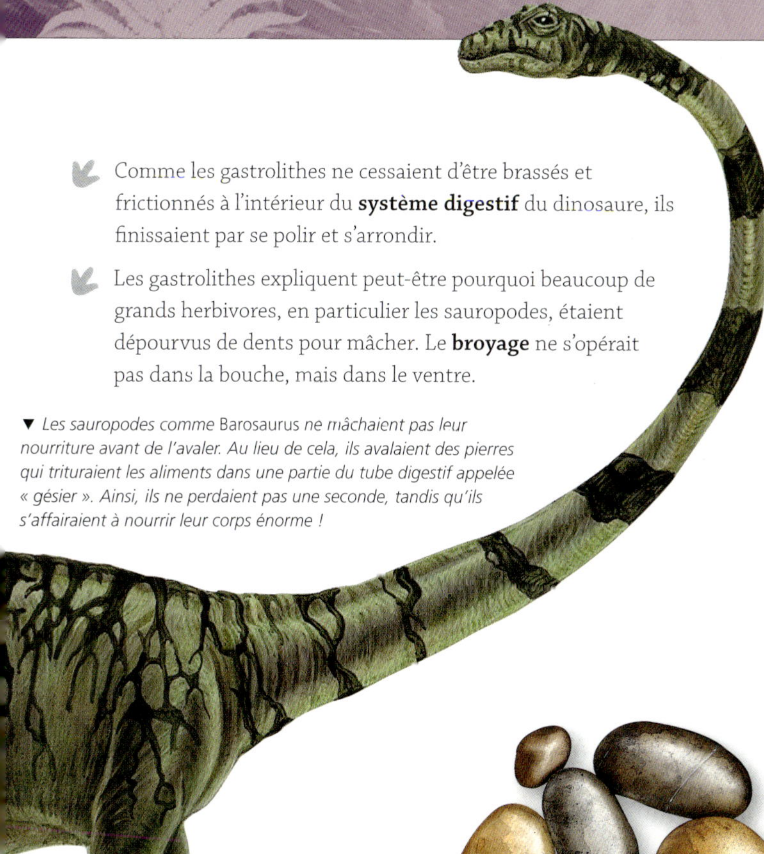

- Comme les gastrolithes ne cessaient d'être brassés et frictionnés à l'intérieur du **système digestif** du dinosaure, ils finissaient par se polir et s'arrondir.
- Les gastrolithes expliquent peut-être pourquoi beaucoup de grands herbivores, en particulier les sauropodes, étaient dépourvus de dents pour mâcher. Le **broyage** ne s'opérait pas dans la bouche, mais dans le ventre.

▼ *Les sauropodes comme* Barosaurus *ne mâchaient pas leur nourriture avant de l'avaler. Au lieu de cela, ils avalaient des pierres qui trituraient les aliments dans une partie du tube digestif appelée « gésier ». Ainsi, ils ne perdaient pas une seconde, tandis qu'ils s'affairaient à nourrir leur corps énorme !*

▶ *On a retrouvé des gastrolithes aussi minuscules qu'un petit pois, et d'autres aussi gros qu'un ballon de football.*

Les voilures

▲ *Le prédateur* Spinosaurus *était encore plus gros que* Tyrannosaurus. *Sa voilure atteignait près de 2 m de haut.*

- De longues **extensions osseuses** semblables à des baguettes ou à des épines se dressaient sur le dos de certains dinosaures.
- Ces extensions pourraient avoir constitué le support de vastes **pans de peau tendus** le long de l'échine. L'ensemble est communément appelé « voilure dorsale ».
- Le carnivore ***Spinosaurus*** et l'herbivore ***Ouranosaurus*** comptaient parmi les dinosaures dotés de voilures dorsales. Ces deux animaux ont tous les deux vécu autour de -100 Ma.

- Les **fossiles** de *Spinosaurus* et d'*Ouranosaurus* ont été découverts en Afrique du Nord.
- Il n'est pas exclu que la peau de leur voilure dorsale ait été de **couleur vive**. Elle changeait peut-être même de couleur, comme la peau des caméléons d'aujourd'hui.
- Cette voilure dorsale permettait probablement à l'animal de **réguler sa température corporelle**. Quand il exposait sa voilure au Soleil, celle-ci absorbait peut-être la chaleur de ses rayons, réchauffant ainsi le dinosaure rapidement. À l'inverse, quand le dinosaure se tenait à l'ombre, sa voilure lui permettait d'évacuer rapidement le trop-plein de chaleur, et lui évitait la surchauffe.

▼ *La voilure sur son dos mise à part,* Ouranosaurus *ressemblait beaucoup à son proche cousin, l'herbivore* Iguanodon.

Le bassin

- Tous les dinosaures sont classés en **deux grands groupes**, selon la structure de leur bassin.
- Le premier de ces groupes est celui des **saurischiens**, ce qui signifie « bassin de lézard ».
- Chez les dinosaures du groupe des saurischiens, les **deux os du pelvis** situés à l'avant et au bas du bassin pointent dans des directions différentes. Le pubis s'oriente vers le bas légèrement vers l'arrière, et l'ischion résolument vers l'arrière.

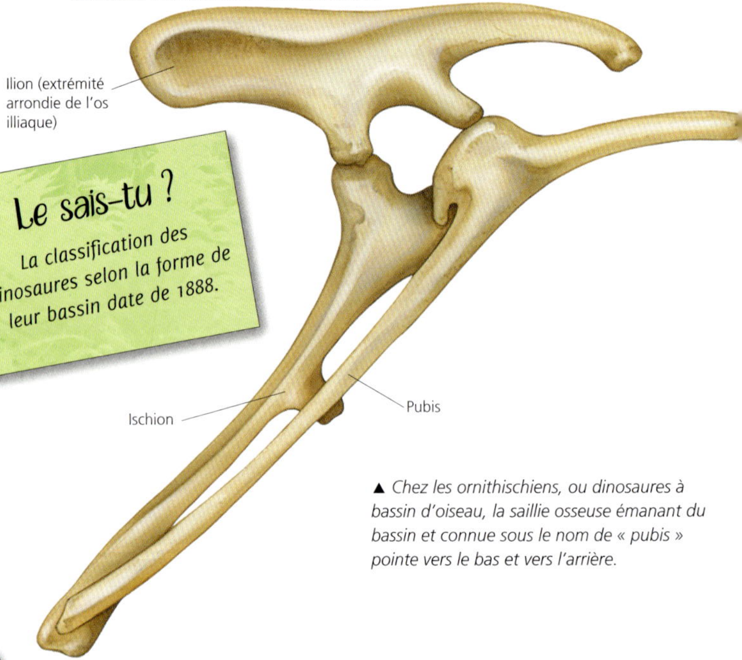

Le sais-tu ?

La classification des dinosaures selon la forme de leur bassin date de 1888.

▲ *Chez les ornithischiens, ou dinosaures à bassin d'oiseau, la saillie osseuse émanant du bassin et connue sous le nom de « pubis » pointe vers le bas et vers l'arrière.*

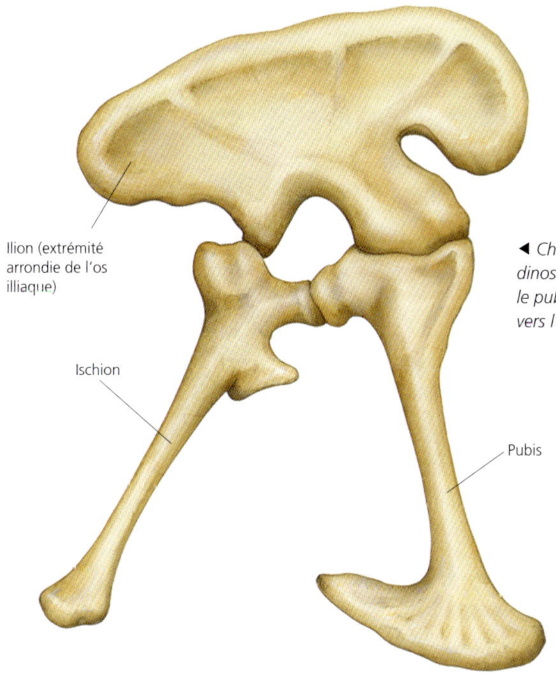

◄ *Chez les saurischiens ou dinosaures à bassin de lézard, le pubis est incliné vers le bas et vers l'avant.*

- Les plus grands de tous les dinosaures, les **sauropodes herbivores**, appartenaient également au groupe des saurischiens.
- Le deuxième grand groupe est celui des **ornithischiens**, qui signifie « bassin d'oiseau ».
- Chez les ornithischiens, les deux os du pelvis, le **pubis** et l'**ischion**, situés à l'avant et au bas du bassin pointent tous les deux vers l'arrière. Ils s'étendent presque parallèlement à une autre paire d'os appelés « os iliaques ».
- Du petit *Heterodontosaurus* au grand *Triceratops*, tous les dinosaures du groupe des ornithischiens étaient **herbivores**.

Les membres et la posture

- Tous les dinosaures possédaient **quatre membres**. Contrairement à d'autres reptiles, comme les serpents et les orvets, aucun dinosaure n'a perdu ses membres au cours de son évolution.
- À l'instar de l'immense sauropode herbivore ***Janenschia***, certains dinosaures passaient la majeure partie de leur temps sur quatre pattes.
- On dit des animaux qui vivent et marchent à quatre pattes qu'ils sont **quadrupèdes**. Les animaux qui vivent et marchent debout sur leurs membres postérieurs sont qualifiés de **bipèdes**.
- Certains dinosaures, comme l'hadrosaure ***Edmontosaurus***, se déplaçaient indifféremment sur deux ou quatre pattes.
- Les reptiles, tels que les lézards et les crocodiles, ont une **posture « tentaculaire »**, c'est-à-dire que leurs membres sont reliés à leur corps latéralement, au niveau des flancs.

▲ Cetiosaurus *était un dinosaure quadrupède, doté de membres épais pareils à des piliers.*

▶ Tarbosaurus, *une espèce asiatique de* Tyrannosaurus, *était un dinosaure bipède. Il marchait et courait sur ses pattes arrière. Ses membres postérieurs puissants contrastaient considérablement avec ses membres antérieurs chétifs, trop petits pour servir à ses déplacements.*

- Au contraire, les dinosaures avaient une **posture droite**, car leurs membres étaient situés sous le corps.
- L'adoption de la **posture debout** et une démarche plus efficace constituent peut-être l'une des raisons majeures du succès évolutif des dinosaures, comparés aux autres animaux de la même époque.

Les pattes

- Les pattes des dinosaures pouvaient prendre des **aspects très divers**, selon la morphologie, le poids et le mode de vie de ces animaux.
- Une **patte antérieure** de dinosaure comportait typiquement des os métacarpiens, au niveau inférieur du poignet ou de la partie supérieure de la patte, ainsi que deux ou trois phalanges à chaque doigt, parachevé par une griffe.
- À l'inverse, les **pattes postérieures** d'un dinosaure commun possédaient des os métatarsiens au niveau inférieur de la cheville.

◀ *Chaque patte d'Apatosaurus supportait plus de 5 tonnes.*

- Certains dinosaures disposaient de **cinq doigts par patte**, comme la plupart des autres reptiles, mais aussi des oiseaux et des mammifères.
- Les **sauropodes** avaient probablement des pattes dotées de bases arrondies prenant appui sur une sorte de **coussinet fibreux**.
- La plupart des sauropodes portaient des **griffes sur les deux ou trois premiers doigts** de leurs pattes. Les plus petits pouvaient avoir des sortes de sabots émoussés sur les deux autres doigts.

- Les dinosaures-autruches comme *Gallimimus* avaient des très **longues pattes pourvues de doigts minces** et allongés pour courir vite.
- De nombreux dinosaures coureurs possédaient moins de doigts que la moyenne, afin de réduire leur poids. Par exemple, ***Gallimimus*** n'en avait que trois à chaque patte postérieure.

Le sais-tu ?

Le groupe de dinosaures qui comprend tous les carnivores, grands et petits, est le groupe des théropodes, ou « pieds de bête ».

- Le groupe des **ornithopodes**, ou « pattes d'oiseaux », comprend *Iguanodon*, les dinosaures à bec de canard, *Heterodontosaurus* et beaucoup d'autres herbivores.

▶ *Même s'il semble presque certain que les sauropodes se déplaçaient très lentement, leurs pieds aux orteils évasés étaient probablement garnis de coussinets, tout comme les pieds des éléphants actuels.*

Les griffes

- Comme les reptiles d'aujourd'hui, les dinosaures étaient équipés de griffes ou de **structures dures** similaires sur l'extrémité de leurs doigts.
- Les griffes des dinosaures étaient probablement constituées de **kératine**, la même substance dure dont se composaient leurs cornes, et la matière première de nos ongles aussi.
- La **forme** et la **dimension** des griffes, par rapport au gabarit de l'animal, variaient considérablement d'un dinosaure à l'autre.
- Chez de nombreux dinosaures carnivores qui se déplaçaient sur leurs deux pattes postérieures, les griffes étaient **longues et affûtées**, assez similaires à celles d'un chat.
- Les petits dinosaures carnivores comme *Troodon* utilisaient probablement leurs griffes pour **capturer** de petits mammifères et des lézards, ou pour **gratter le sol** en quête d'insectes et de vers.

- Les grands dinosaures carnivores tels qu'*Allosaurus* se servaient possiblement de leurs griffes pour **maintenir et lacérer** leurs proies.
- Les énormes sauropodes herbivores comme *Diplodocus* avaient des pattes comparables à celles des éléphants. Elles étaient dotées de griffes ressemblant à des **ongles** ou à des **sabots**.

- De nombreux dinosaures étaient munis de **cinq doigts** à chaque patte, mais d'autres, comme *Tyrannosaurus*, n'en possédaient que trois.
- Les **plus grosses griffes** d'animaux appartenaient aux **thérizinosaures**, ou « lézards à faux ». Certaines excédaient parfois 1 m de long.
- ***Deinonychus*** était pourvu de longues griffes, qu'il maniait pour taillader ses proies. Son nom signifie « griffe terrifiante ». Il vécut durant le Crétacé inférieur.

▲ *Les doigts et les griffes de* Deinonychus *étaient particulièrement longs et robustes.*

Les queues

- **Tous les dinosaures étaient dotés d'une queue**, bien que certains individus aient perdu la leur dans des attaques ou des accidents.
- La longueur de cet organe par rapport à celle du corps, sa forme, son épaisseur et ses **caractéristiques particulières** nous livrent de nombreux indices sur la façon dont les dinosaures l'utilisaient.
- Les **plus longs appendices**, dont certains dépassaient 17 m, appartenaient aux **sauropodes géants herbivores** tels que *Diplodocus*.
- Certains sauropodes comptaient une chaîne de vertèbres caudales comportant **plus de 80 os distincts**, soit plus de deux fois le nombre habituel. Ils utilisaient peut-être leur queue comme un fouet, pour se défendre contre leurs ennemis.

▲ Compsognathus *avait un long appendice caudal, qui lui permettait de garder l'équilibre et de virer brusquement quand il courait à toute vitesse.*

◀ *À l'instar d'autres dinosaures du groupe des hadrosaures,* Hadrosaurus *était un herbivore paisible. Il avait une queue étroite, semblable à celle d'un crocodile actuel. Cet appendice l'aidait peut-être à manœuvrer son corps dans l'eau, bien qu'il passât la plupart de son temps sur la terre ferme.*

- Beaucoup de dinosaures carnivores qui se tenaient debout, ou qui couraient sur leurs membres postérieurs, avaient des queues à la **racine épaisse**, afin d'équilibrer le poids de leur corps

- Les petits carnivores comme *Compsognathus* **s'équilibraient à l'aide de leur appendice**, lorsqu'ils bondissaient et fondaient sur leur proie.

- La queue du carnivore *Ornitholestes* représentait plus de la moitié de la longueur totale (2 m) de l'animal. Elle lui servait de **contrepoids** et de **gouvernail**, lui permettant d'opérer de brusques changements de direction, même à pleine vitesse.

- Les **ankylosaures**, des dinosaures cuirassés, étaient munis de deux **énormes masses osseuses** à l'extrémité de leur appendice. Ils s'en servaient comme d'une massue pour frapper leurs ennemis.

- Les **hadrosaures**, ou dinosaures à bec de canard, faisaient peut-être **onduler leur queue dans l'eau** pour nager plus facilement.

Mâles et femelles

- Quand on trouve un fossile de dinosaure, la **forme de son bassin et des crêtes** sur sa tête peut indiquer s'il s'agissait d'un mâle ou d'une femelle.
- On a découvert des **crêtes crâniennes fossilisées** de différentes tailles et proportions appartenant à l'hadrosaure *Lambeosaurus*, un dinosaure à bec de canard.
- Certains *Lambeosaurus* possédaient des **crêtes brèves et arrondies** hérissées de **petits éperons** pointant vers le haut et l'arrière.

- D'autres *Lambeosaurus* étaient dotés d'une **ample crête principale angulaire**, munie d'un **grand éperon** pointant à l'arrière vers le haut.
- Les différences entre ces **crêtes crâniennes fossilisées** de *Lambeosaurus* pourraient signaler que les mâles et les femelles avaient un aspect différent.
- Les restes de l'hadrosaure ***Corythosaurus*** montrent que sa crête crânienne pouvait avoir deux tailles différentes. Peut-être l'une correspondait-elle aux femelles, et l'autre correspondait aux mâles.
- De nouvelles études sur les **variations de dimensions** de leurs crêtes ont conduit au reclassement d'une dizaine d'espèces de *Corythosaurus* en seulement deux.

Le sais-tu ?

Chez plusieurs spécimens de Parasaurolophus, certaines crêtes crâniennes étaient deux fois plus longues que les autres, sans doute s'agissait-il d'une différence entre les mâles et les femelles.

◄ *Les* Lambeosaurus *mâles et femelles avaient peut-être des crêtes de forme différente. On suppose que ce spécimen était un mâle. Au cours de la croissance, ces crêtes pouvaient également devenir plus imposantes proportionnellement au corps de l'animal.*

À sang chaud ou à sang froid ?

Si les dinosaures étaient à sang froid, comme les reptiles d'aujourd'hui, cela signifie qu'ils devaient être lents ou inactifs par temps froid. **S'ils étaient à sang chaud**, comme les oiseaux et les mammifères modernes, alors ils devaient être aptes à maintenir leur température corporelle et restaient actifs même par temps froid.

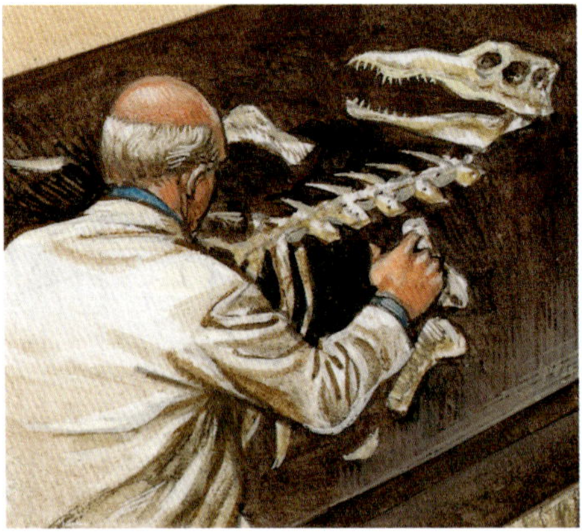

◀ *La structure microscopique de l'intérieur des os des fossiles retrouvés peut fournir des indices, afin de déterminer si ces animaux étaient à sang chaud ou à sang froid.*

Les paléontologues ont d'abord pensé que tous les dinosaures étaient des animaux à sang froid, mais le sujet agite aujourd'hui la communauté scientifique. **Plusieurs éléments de la structure des os fossiles** tendraient à prouver que les dinosaures avaient le sang chaud.

- Il est probable que **certains petits carnivores aient évolué en oiseaux**. Comme les oiseaux ont le sang chaud, celui de ces dinosaures l'était peut-être aussi.
- Si certains dinosaures étaient à sang chaud, ils avaient probablement besoin de manger au moins **dix fois plus de nourriture** que s'ils avaient été à sang froid, afin de disposer d'assez d'énergie pour fabriquer de la chaleur.
- Un comptage rapide des fossiles de dinosaures permet de constater que le nombre de **prédateurs** comparé au nombre de proies est plus proche du rapport observé chez les mammifères que chez les reptiles.
- On sait aujourd'hui que beaucoup de petits carnivores portaient des **plumes**. Si ces dinosaures avaient le sang chaud, leurs plumes les isolaient probablement du froid pour maintenir leur chaleur corporelle.

▼ *Déjà présents au tout début de l'âge des dinosaures, durant le Trias, les crocodiles sont des animaux à sang froid.*

La vitesse

- Les dinosaures les plus **rapides** bénéficiaient de corps légers, juchés sur des membres longs et musculeux.
- Les **dinosaures-autruches**, étaient probablement les plus rapides de tous, atteignant la même impressionnante vitesse de pointe de 70 km/h que l'autruche actuelle.
- Les principaux muscles des membres du dinosaure-autruche ***Struthiomimus*** étaient logés dans son bassin et dans ses cuisses.
- **La structure du bassin et des membres** des dinosaures-autruches leur permettait de balancer ces derniers d'avant en arrière, très rapidement, comme ceux d'un cheval de course moderne.
- Malgré leur taille colossale, les dinosaures herbivores, comme le dinosaure à bec de canard ***Edmontosaurus***, étaient susceptibles de courir sur leurs membres postérieurs énormes, au rythme de 40 km/h.
- Les herbivores, tels qu'***Iguanodon*** et ***Muttaburrasaurus***, pouvaient peut-être trotter à environ 10 ou 12 km/h pendant plusieurs heures.
- Certains paléontologues affirment que le grand carnivore ***Tyrannosaurus*** avait la capacité de courir à plus de 50 km/h.
- Mais d'autres pensent qu'il n'était pas très rapide et ne dépassait pas les **29 km/h**.
- Les dinosaures les plus lents étaient les **sauropodes géants** comme *Brachiosaurus*, qui n'excédaient sans doute pas **4 à 6 km/h**, soit la vitesse de marche d'un être humain.
- L'animal terrestre actuel le plus rapide, le **guépard**, aurait néanmoins pu battre n'importe quel dinosaure à la course, grâce à ses pointes de vitesse à plus de **100 km/h**.

▼ En 2007, des modèles informatiques suggéraient que la vitesse maximale de Tyrannosaurus *était d'environ 29 km/h, mais certains continuent de penser qu'il pouvait dépasser 50 km/h.*

Les coprolithes

- Les coprolithes sont des **excréments fossilisés** (des crottes) provenant d'animaux disparus il y a longtemps, tels que les dinosaures. Comme les autres fossiles, ces excréments se sont transformés en roche solide.
- Des milliers de coprolithes de dinosaures ont été trouvés sur des sites fossilifères **partout dans le monde**.
- Casser ou découper des coprolithes révèle parfois ce que le dinosaure **avait mangé**.

▼ *On a trouvé des fragments d'os dans les coprolithes de dinosaures carnivores tels que ces* Tyrannosaurus. *En étudiant les coprolithes de dinosaures herbivores, les paléontologues savent également déterminer quels végétaux poussaient à quel endroit à une période donnée.*

- Les coprolithes de grands carnivores comme *Tyrannosaurus* contiennent parfois des **os de leurs proies.**
- La **structure microscopique des os** contenus dans les coprolithes permet de déterminer l'âge qu'avait la proie quand elle a été mangée. La plupart des victimes étaient de très jeunes ou de vieux individus, car ils sont plus faciles à chasser pour un prédateur.

Le sais-tu ?

L'un des plus grands coprolithes de dinosaures que l'on ait découverts mesure 44 cm de long, et a probablement été produit par Tyrannosaurus.

- Les coprolithes de petits carnivores tels que *Compsognathus* peuvent renfermer les restes de **parties dures d'insectes**, comme par exemple les membres et les élytres de coléoptères.
- On a trouvé d'énormes amas de coprolithes dans le Montana, aux États-Unis, probablement déposés par le grand herbivore ***Maiasaura***.
- Les coprolithes de *Maiasaura* contiennent des fragments de cônes, de bourgeons et d'aiguilles de conifères, ce qui indique que ces dinosaures se nourrissaient principalement de **végétaux coriaces**.

▶ *Les crottes fossilisées des dinosaures fournissent des indices importants quant à la nature des aliments qu'ils consommaient.*

Les empreintes

- Des empreintes de dinosaures fossilisées ont été découvertes dans le **monde entier**.
- Certains dinosaures laissaient des empreintes en marchant dans la **vase ou dans le sable des berges**. Le sol humide séchait ensuite au Soleil, avant d'être recouvert par de nouvelles couches de sable ou de boue, permettant ainsi de préserver ces traces sous la forme de fossiles.
- **Certaines empreintes** ont été recouvertes de cendres volcaniques qui durcissaient.

► *Les empreintes fossilisées peuvent permettre aux paléontologues de déterminer la vitesse de déplacement du dinosaure qui les a laissées.*

▶ *Les empreintes fossilisées sont aussi appelées « traces fossiles », car ce sont des marques réalisées par des dinosaures ou d'autres animaux, et non les restes de certaines parties de leurs corps.*

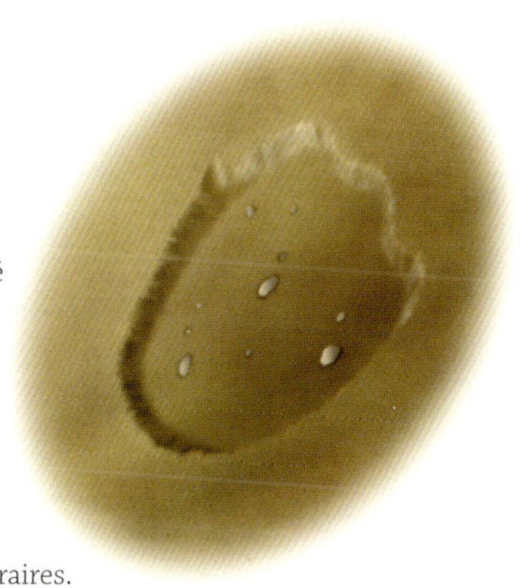

- Beaucoup d'empreintes ont été trouvées **alignées les unes à côté des autres**, formant ce que l'on appelle des « pistes ». Ces pistes suggèrent que certains dinosaures vivaient en groupe, ou empruntaient régulièrement les mêmes itinéraires.
- La **distance entre les empreintes** de même taille permet de savoir si le dinosaure marchait, trottait ou courait.
- Les empreintes des **grands carnivores** comme *Tyrannosaurus* montrent des pattes dotées de trois doigts griffus et orientées vers l'avant.
- Chez les **grands herbivores** comme *Iguanodon*, chaque empreinte distingue trois doigts, mais peu ou pas de marques de griffes, et des pattes pointant légèrement vers l'intérieur.
- Chez les **sauropodes herbivores géants**, chaque empreinte est arrondie et laisse apparaître la marque de « sabots » ressemblant à des ongles. Certaines empreintes de sauropodes dépassent 1 m de diamètre.

Le sais-tu ?

En 2009, on a identifié des empreintes de sauropode mesurant 1,50 m de diamètre, dans la région du Jura, en France.

Les troupeaux

- Quand les **fossiles de nombreux individus** d'une seule et même espèce de dinosaures sont trouvés ensemble, plusieurs explications sont possibles.
- Par exemple, ces dinosaures pourraient avoir été **charriés par une inondation**, alors qu'ils ne se trouvaient pas tous au même endroit, et sans que cela signifie pour autant qu'ils vivaient les uns avec les autres.

▲ *Un troupeau comprenant des individus d'âge divers laisserait des empreintes de différentes tailles.*

- Mais ces dinosaures sont peut-être morts au même endroit, parce qu'ils y vivaient **en groupe**.
- De **multiples indices** tendent à démontrer que certaines espèces de dinosaures vivaient en groupes, notamment *Diplodocus*, *Triceratops* et *Iguanodon*.

Le sais-tu ?

Dans le canyon de la rivière de la Paix, en Colombie-Britannique, au Canada, on a découvert près de 1 700 empreintes.

- De **nombreuses empreintes fossiles** concentrées au même endroit et se dirigeant dans la même direction constituent un autre indice, suggérant que certains dinosaures vivaient en troupeau.
- Quelques groupes de fossiles rassemblent des **dinosaures de tous âges**, des bébés aux adultes en passant par les jeunes.
- On a parfois découvert des empreintes de dinosaures herbivores à proximité d'empreintes de dinosaures carnivores, témoignant peut-être d'une **chasse** sans merci.
- Des empreintes toutes orientées dans le **même sens** signalent qu'un troupeau se déplaçait vers une même destination.
- Il arrive que de petites empreintes soient trouvées au milieu de plus grandes, ce qui pourrait indiquer que des adultes encerclaient leurs petits pour les **protéger**.
- La présence **désordonnée** de nombreuses empreintes, dans ce qui devait être jadis de la boue, suggère qu'un groupe de dinosaures est venu boire sur les berges d'une rivière ou d'un lac.

Les migrations

- Aujourd'hui, presque aucun reptile terrestre n'effectue ces longs voyages saisonniers que l'on appelle « **migrations** ».
- Au cours des 30 dernières années, plusieurs paléontologues ont émis l'hypothèse que certains dinosaures effectuaient éventuellement des **migrations régulières**.
- La preuve des migrations des dinosaures réside dans la **position des continents** à l'époque. Dans certaines régions, les hivers froids empêchaient probablement la pousse des végétaux, privant alors les animaux de nourriture.
- Les témoignages fossiles suggèrent également que certains végétaux interrompaient leur **croissance** si le climat était trop chaud ou trop sec, ce qui contraignait probablement certains dinosaures à migrer pour trouver de quoi se nourrir.

Le sais-tu ?

Pendant sa migration, Centrosaurus parcourait peut-être près de 100 km par jour.

▲ *Des fossiles de* Pachyrhinosaurus *ont été mis au jour dans certaines régions de l'Alaska, situées à l'intérieur du cercle arctique à la fin du Crétacé. Il est possible que ces dinosaures aient quitté les zones plus méridionales pour migrer vers ces contrées.*

▶ *Peu de reptiles modernes effectuent des migrations saisonnières. Selon la distribution géographique des fossiles, on suppose que certains dinosaures à cornes du Crétacé effectuaient des migrations (indiquées ici par la flèche), qui les menaient de l'Amérique du Nord aux régions subarctiques, pour profiter du foisonnement végétal de leur court été.*

- *Pachyrhinosaurus*, mais aussi des sauropodes tels que *Diplodocus* et *Camarasaurus*, ainsi que des ornithopodes comme *Iguanodon* et *Muttaburrasaurus*, figurent parmi les **dinosaures vraisemblablement migrateurs**.
- Environ **3 500 ossements** et plus de 20 crânes entiers ou partiels, représentant plusieurs centaines de *Pachyrhinosaurus*, ont été extraits d'un immense site fossilifère de l'Alberta, au Canada. Peut-être un troupeau en migration piégé par une inondation...
- En Amérique du Nord, d'immenses troupeaux de dinosaures à cornes migraient probablement vers le nord pour profiter du bref **été subarctique**.
- En 2012, l'étude de dents de *Camarasaurus* a conduit à formuler l'hypothèse que ce dinosaure effectuait une migration de **600 km** aller et retour, afin d'échapper à la saison sèche.

L'hibernation

- Pendant les périodes froides, les dinosaures entraient peut-être dans un état de **torpeur ou d'hibernation**, à l'instar de nombreux reptiles actuels.
- L'herbivore ***Leaellynasaura***, découvert dans la crique de Dinosaur Cove en Australie, pratiquait peut-être l'hibernation pour s'adapter au cycle annuel local des saisons.
- La crique de Dinosaur Cove était plus proche du pôle Sud à l'époque où les dinosaures la peuplaient, entre -110 et -105 Ma. En ce temps-là, le climat était relativement chaud et il n'y avait **pas de glace au pôle Nord, ni au pôle Sud**.
- Les dinosaures résidents de la crique de Dinosaur Cove enduraient probablement des **périodes d'obscurité en hiver**, lorsque les jours sont plus courts. Il n'est pas impossible qu'ils aient hiberné pour survivre au froid.

- La forme des yeux et du cerveau de *Leaellynasaura* suggère que ce dinosaure bénéficiait d'une **bonne vue**, lui permettant éventuellement de se repérer dans la nuit hivernale ou dans l'ombre des forêts.
- Des fossiles de dinosaures ont été mis au jour en **Arctique**, près du pôle Nord.
- Les dinosaures de l'Arctique avait le choix d'hiberner ou de migrer vers le sud, afin de rejoindre des **régions plus chaudes en hiver.**

▼ *Il n'est pas exclu que* Leaellynasaura *ait hiberné pendant la saison froide, sans doute à l'abri d'un terrier. Ce dinosaure de 3 m possédait une queue plus longue que n'importe quel autre dinosaure, proportionnellement à sa taille.*

Les sons

- Peu de reptiles actuels sont capables d'émettre des **sons complexes**. Ils se contentent de sifflements, de grognements, de toussotements et de grondements rudimentaires.
- En revanche, les fossiles suggèrent que les dinosaures étaient capables de une **variété d'émissions sonores**, produites de diverses façons.
- Les **crêtes osseuses creuses** des dinosaures à bec de canard (hadrosaures étaient composées de **voies aériennes**, qui leur servaient notamment à re
- En **soufflant puissamment de l'air** dans les voies aériennes de sa crête, l'hadrosaure réussissait sans doute à la faire vibrer.
- La vibration de cette grande crête aurait pu produire **des sons retentissa** comme celui d'un klaxon, ou encore des grondements, des mugissements barrissements voisins de ceux d'un éléphant.
- Les crânes fossiles de certains hadrosaures, comme *Edmontosaurus* et *Krit* suggèrent que ces animaux étaient possiblement dotés d'**un sac de peau** entre les narines et les yeux.
- ***Kritosaurus*** pouvait peut-être gonfler cette poche cutanée extensible comme un ballon, afin d'émettre une sorte de barrissement ou de meuglement.

Le sais-tu ?

En soufflant dans des modèles de crêtes d'hadrosaures, on crée un large éventail de sons rappelant le timbre de cuivres et d'instruments à vent !

◀ *Lors d'un combat,* Parasaurolophus *« barrissait » pour créer un effet de surprise, ou tenter de menacer son prédateur* Tyrannosaurus.

Les soins parentaux

- Les fossiles découverts depuis les années 1970 attestent que certains dinosaures **s’occupaient de leurs petits**.
- Les fossiles du petit dinosaure à bec de perroquet *Psittacosaurus* suggèrent qu’un adulte pouvait être chargé de **conduire et de surveiller** un grand nombre de jeunes.
- Ces fossiles furent probablement préservés par l’**effondrement de la grotte** dans laquelle les animaux avaient trouvé refuge.

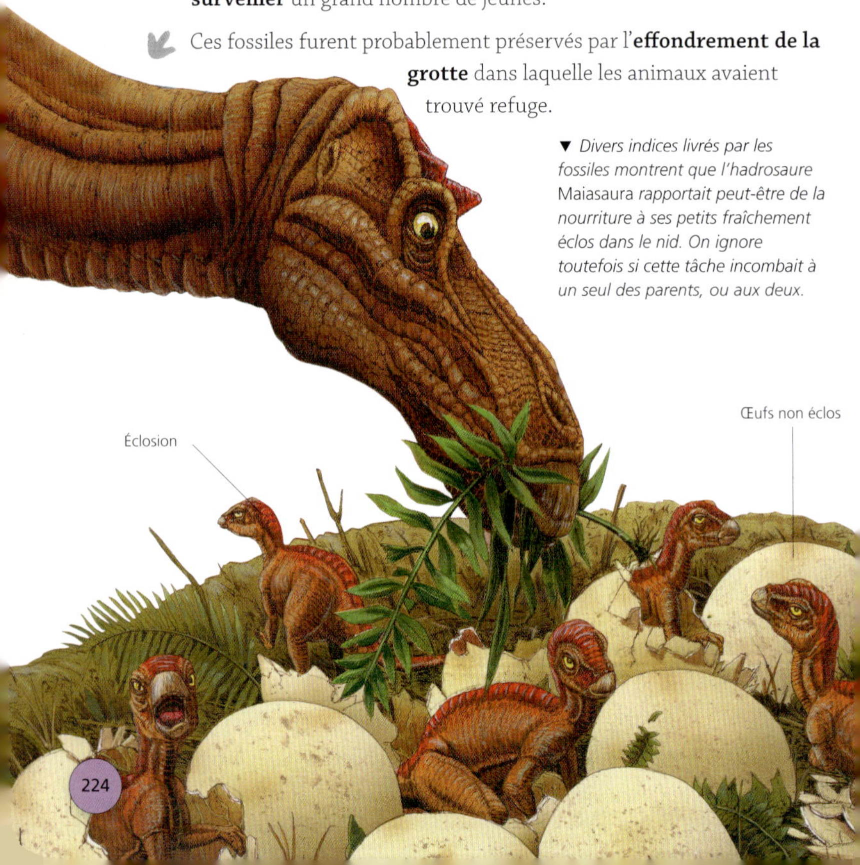

▼ *Divers indices livrés par les fossiles montrent que l’hadrosaure* Maiasaura *rapportait peut-être de la nourriture à ses petits fraîchement éclos dans le nid. On ignore toutefois si cette tâche incombait à un seul des parents, ou aux deux.*

- De nombreux fossiles de *Maiasaura* adultes ont été découverts à côté de **nids, d'œufs et de nouveau-nés**.
- Les fossiles de *Maiasaura* proviennent principalement du Montana, aux États-Unis, et datent d'environ -75 Ma. Le principal site fossilifère de cette région est surnommé *Egg Mountain*, **« la montagne aux œufs »**.
- On y a trouvé les restes de plus de **100 spécimens de *Maiasaura*** de tous âges.
- Les **dents** des bébés *Maiasaura* repérées dans le nid étaient légèrement usées, insinuant qu'ils devaient déjà manger de la nourriture solide.
- Les **membres** des bébés *Maiasaura* n'étaient pas encore totalement ossifiés, c'est-à-dire que la formation de leurs tissus osseux n'était pas terminée. Ces petits n'étaient donc pas encore capables de se déplacer pour chercher eux-mêmes leur nourriture.
- Sur les sites de **nidification** de *Maiasaura*, on a remarqué que les nids se situaient à quelque 7 m les uns des autres, ce qui correspond à l'espace nécessaire à un adulte de 9 m. Chaque nid accueillait jusqu'à 40 œufs, dont la disposition dessinait un motif en spirale.
- Le nom *Maiasaura* signifie **« bonne mère lézard »**. Il a été attribué à ce dinosaure en 1979 par les paléontologues américains John Horner et Robert Makela.

Le sais-tu ?

Certains nids fossilisés de bébés de Maiasaura contiennent des traces de bourgeons et de feuilles fossiles, peut-être de la nourriture rapportée par les parents à leurs petits.

Les nids et les œufs

- Des **centaines d'œufs et de nids** de dinosaures fossilisés ont été découverts, généralement à proximité des parents.
- Des œufs et des nids de l'herbivore ***Protoceratops***, une espèce primitive de dinosaure à cornes, ont été mis au jour en 2011.
- Certains des nids que l'on pensait être ceux de *Protoceratops* appartiendraient en fait à ***Oviraptor***.
- Beaucoup de ces nids étaient installés à l'intérieur d'un petit périmètre, ce qui signale que *Protoceratops* **se reproduisait en colonie**.
- **Creusés peu profondément** dans la terre, ces nids avaient la forme d'une coupe d'environ 1 m de diamètre.
- Les œufs étaient probablement recouverts de terre, et les embryons bénéficiaient de la **chaleur du Soleil** pour leur développement.

Le sais-tu ?

Les premiers œufs de dinosaures fossilisés décrits scientifiquement ont été découverts en Mongolie, dans les années 1920, par une équipe américaine de paléontologues.

- De nouveaux nids étaient bâtis **par-dessus les anciens**, ce qui indique l'utilisation de la colonie année après année.
- Des nids et des œufs de l'herbivore ***Orodromeus*** ont été mis au jour dans le Montana, aux États-Unis.
- Chaque nid recelait environ **20 œufs** d'*Orodromeus*, soigneusement disposés en une spirale partant de l'œuf au centre et s'enroulant vers l'extérieur.

◀ *Des restes fossiles de* Protoceratops, *découverts en 2011 en Mongolie, suggèrent qu'il creusait probablement son nid à l'aide de ses griffes.*

La croissance

- **Nul ne sait avec certitude** à quelle vitesse les dinosaures grandissaient, ni même combien de temps ils vivaient.
- La plupart des **estimations** du taux de croissance et de l'espérance de vie des dinosaures sont fondées sur des comparaisons avec les reptiles actuels.
- Les dinosaures se développaient peut-être **rapidement** quand ils étaient jeunes, et plus lentement une fois adultes, sans jamais s'arrêter de grandir jusqu'à leur mort.
- L'estimation de l'**espérance de vie** d'un dinosaure carnivore adulte comme *Allosaurus* varie de 25 à plus de 40 ans.
- Les **petits carnivores** tels que *Compsognathus* ne vivaient peut-être pas plus de 3 à 10 ans.
- La **longévité** des sauropodes géants atteignait probablement 50, voire plus de 100 ans.
- Comme de nombreux reptiles d'aujourd'hui, le **rythme de croissance** d'un dinosaure devait dépendre de la quantité de nourriture qu'il mangeait.

▶ Tyrannosaurus *grossissait de 600 kg par an entre les âges de 14 et 18 ans.*

Au cours de sa vie, un grand sauropode comme *Brachiosaurus* multipliait probablement par **2 000 son poids de naissance**, alors que ce taux n'est que de 20 chez l'humain.

En Europe

- C'est en Angleterre dans les années 1820, que les **tout premiers fossiles** de dinosaures scientifiquement décrits, identifiés et nommés furent découverts.
- L'un des premiers squelettes de dinosaures presque complets que l'on ait trouvés était celui du grand herbivore ***Iguanodon***, en 1871, dans le Sud de l'Angleterre.
- En 1878, le village belge de Bernissart fut le théâtre d'une **découverte majeure** : environ 30 squelettes fossiles d'*Iguanondon*, complets pour beaucoup.
- Entre -155 et -145 Ma, le site de **Solnhofen**, dans le Sud de l'Allemagne, était une mosaïque d'îles et de lagons, constituant un environnement idéal pour toutes sortes de formes de vie.

- Les grès du site de Solnhofen ont livré des fossiles extraordinairement détaillés d'un minuscule ***Compsognathus***, et d'***Archaeopteryx***, le plus ancien oiseau connu.

◄ *Ces points indiquent quelques-uns des sites où l'on peut trouver des fossiles de dinosaures en Europe, mais il en existe beaucoup d'autres !*

- Des fossiles de *Compsognathus* ont également été mis au jour près de la ville de **Nice**, dans le Sud de la France.
- Quantité de fossiles de ***Plateosaurus*** ont été découverts sur le site de Trossingen, en Allemagne, entre 1911 et 1932.
- Certains des plus **gros œufs fossiles**, mesuraient 30 cm de long, et auraient été pondus par *Hypselosaurus*, près d'Aix-en-Provence, dans le Sud de la France.
- Située au large du Sud de l'Angleterre, l'île de Wight a fourni tant de fossiles de dinosaures, qu'elle est parfois surnommée **« l'île des Dinosaures »**.
- Des fossiles d'***Hypsilophodon*** ont été localisés dans l'Est de l'Espagne, et d'autres appartenant à *Camptosaurus*, sur la côte du Portugal.

▲ *L'un des premiers très gros dinosaures était* Plateosaurus, *ou « lézard plat ». Ses doigts étaient très souples, ce qui indique que* Plateosaurus *était peut-être capable de tenir les branches d'où il tirait sa nourriture.*

▶ *Durant le Jurassique, la majeure partie de l'Europe ressemblait probablement à cela. Le climat était beaucoup plus tropical, permettant aux fougères, aux ginkgos, aux prêles et aux cycadales, mais aussi aux forêts de conifères et aux fougères arborescentes de proliférer.*

En Afrique

- Les premières découvertes majeures de fossiles de dinosaures en Afrique ont eu lieu sur le site de **Tendaguru**, dans l'actuelle Tanzanie, en 1907. On a identifié des restes de *Giraffatitan*, de *Dicraeosaurus* et de *Kentrosaurus*, un cousin épineux des stégosaures.
- Des fossiles de ***Cetiosaurus*** ont été mis au jour au Maroc, en Afrique du Nord.
- ***Nigersaurus,*** un herbivore de 9 m pesant près de 10 tonnes, est connu grâce à des fossiles découverts au Niger. Sa bouche ne renfermait pas moins de 500 petites dents !
- Les fossiles de ***Spinosaurus***, le plus grand de tous les dinosaures carnivores, proviennent du Maroc et d'Égypte.
- Doté de sa singulière voilure dorsale, ***Ouranosaurus*** est connu grâce à des restes localisés au Niger.

▼ Jobaria *et* Janenschia *sont deux sauropodes géants, respectivement découverts au Niger et en Tanzanie, au cours des années 1990.*

▶ *En Afrique comme ailleurs, les fossiles sont plus faciles à repérer sur les sites aux sols rocheux dénudés, comme dans certaines régions du Sahara.*

- De nombreux fossiles de sauropodes ont été extraits de sites africains, notamment ***Rukwatitan*** en Tanzanie et ***Vulcanodon*** au Zimbabwe.
- Des restes de ***Massospondylus***, un prosauropode herbivore, ont été découverts dans différentes localités d'Afrique australe.
- Des fossiles attribués à ***Gyposaurus*** ont été trouvés dans l'ancien État libre d'Orange, en Afrique du Sud.
- Durant l'expédition de chasse aux fossiles organisée de 1908 à 1912 sur le site de Tendaguru, plus de **250 tonnes d'os et de roches fossiles** de dinosaures tels que *Giraffatitan* furent transportés sur 65 km jusqu'au port le plus proche, afin d'être envoyés en Allemagne.

En Asie

- Des **centaines d'espèces** de dinosaures ont été découvertes sur le continent asiatique.
- En Asie, la plupart des fossiles de dinosaures trouvés jusqu'à présent provenaient du **désert de Gobi** en Asie centrale, et de la **Chine actuelle**. Certains ont également été mis au jour en **Inde**.
- On a identifié des restes de ***Titanosaurus***, un énorme sauropode herbivore, près de la rivière Umrer, en Inde. Ce dinosaure vivait il y a environ 70 Ma. Il ressemblait à Saltasaurus, son cousin contemporain originaire d'Amérique du Sud.

◄ *On a mis au jour des fossiles de dinosaure un peu partout en Asie. (voir les pages suivantes pour en savoir plus sur les découvertes effectuées dans le désert de Gobi et en Chine)*

▼ *Les fossiles de* Tuojiangosaurus *proviennent de la région de l'actuel Sichuan, au sud de la Chine. Mesurant environ 7 m de long, c'est l'un des dinosaures les plus connus d'Asie orientale.*

- *Titanosaurus* mesurait près de **12 m de long**, et pesait entre **10 et 15 tonnes**.
- Des fossiles du sauropode ***Barapasaurus*** ont été trouvés en Inde dès le début des années 1960, mais décrits plus tard, et nommés seulement en 1975.
- *Barapasaurus* mesurait **14 m** de long pour probablement plus de **10 tonnes**. Il vécut entre -190 et -170 Ma environ, ce qui fait de lui l'un des plus anciens sauropodes au monde.
- Des fossiles de ***Dravidosaurus***, un dinosaure que l'on pensait jadis être un stégosaure, ont été découverts près de la région de Trichy, dans le Sud de l'Inde. Certaines études suggèrent qu'il s'agirait en réalité d'une sorte de reptile marin, et le désaccord persiste au sein de la communauté scientifique.

Dans le désert de Gobi

- Le désert de Gobi couvre une grande partie du **Sud de la Mongolie et du Nord de la Chine**.
- Les **premières expéditions de chasse aux fossiles** organisées dans le désert de Gobi eurent lieu entre 1922 et 1925, à l'initiative du musée américain d'Histoire naturelle.
- **Lancées sur les traces des premiers humains**, ces expéditions trouvèrent à la place d'extraordinaires fossiles de dinosaures.

▼ *Au début des années 1970, le bassin de Nemegt, dans le désert de Gobi, a livré un grand nombre de fossiles exceptionnels du dinosaure-autruche* Gallimimus, *notamment des squelettes partiels de nombreux individus de tous âges.*

▶ *Les sites fossilifères du désert de Gobi sont situés loin des villes. Y chercher des fossiles est éprouvant, à cause des températures extrêmes et des tempêtes de poussière.*

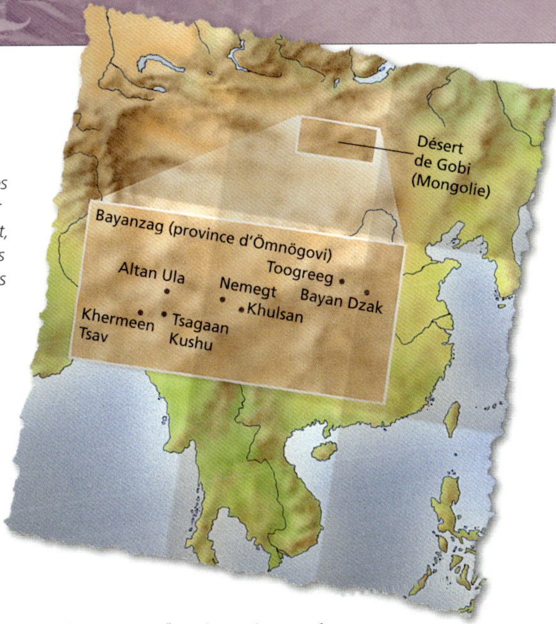

- Les **premiers œufs** de dinosaures fossilisés furent découverts par les différentes expéditions qui se déroulèrent de 1922 à 1925.
- ***Velociraptor***, ***Avimimus*** et ***Pinacosaurus*** ont été localisés dans le désert de Gobi.
- En 1946 et de 1948 à 1949, plusieurs expéditions russes dans le désert de Gobi ont permis de décrire de **nouveaux dinosaures** cuirassés et de nouveaux dinosaures à bec de canard.
- D'autres expéditions menées dans les années 1960 et 1970 ont conduit à la découverte de l'énorme sauropode ***Opisthocoelicaudia*** et du dinosaure « casqué » ***Prenocephale***.
- ***Gallimimus*** et ***Oviraptor*** sont parmi les dinosaures qui peuplaient le désert de Gobi. Dans les années 1990 et 2000, de nouvelles expéditions ont permis de découvrir les thérizinosaures.

En Chine

- Pendant des siècles, les fossiles de dinosaures extraits en Chine furent con comme les restes de **créatures folkloriques locales**, des dragons notamm
- Les premiers fossiles **étudiés scientifiquement** en Chine ont été mis au jo dans les années 1930.
- À partir 1980, la découverte de fossiles de dinosaures dans les provinces de Chine a suscité l'étonnement des **paléontologues du monde entier**.
- Quelques découvertes extraordinaires se sont effectivement révélées être d **mystifications**, en particulier celle d'un squelette partiel d'oiseau combiné squelette partiel d'un dinosaure.

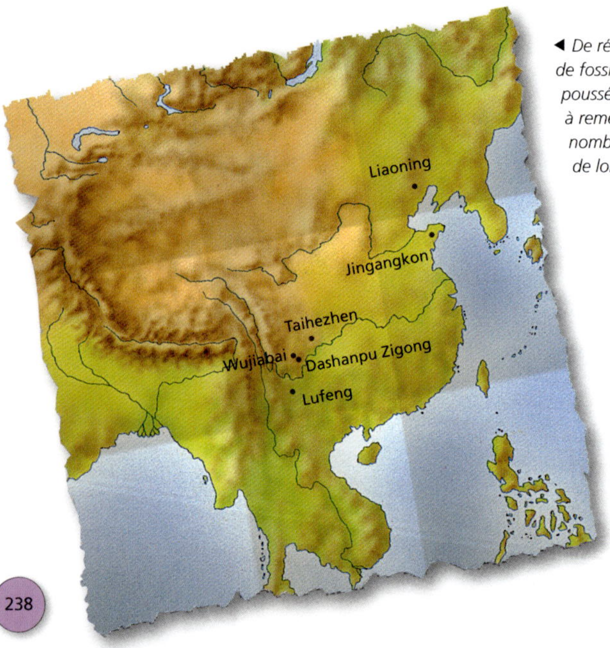

◄ *De récentes découvertes de fossiles en Chine ont poussé les paléontologues à remettre en question de nombreux concepts établis de longue date.*

◄ Microraptor, *qui vécut au cours du Crétacé inférieur, était le seul dinosaure à posséder des plumes sur le corps et les membres.*

- Parmi les dinosaures chinois les plus connus, figurent ***Mamenchisaurus***, ***Psittacosaurus***, ***Tuojiangosaurus*** et ***Avimimus***.

- Des restes du prosauropode ***Lufengosaurus*** ont été découverts dans la province du Yunnan, au sud de la Chine, en 1941.

Le sais-tu ?

Seuls les États-Unis abritent probablement plus de fossiles que la Chine.

- *Lufengosaurus* peupla la Chine pendant le Jurassique inférieur. Sa taille atteignait quelque **6 à 7 m de long**.

- De nombreux fossiles trouvés récemment en Chine sont des **dinosaures à plumes** comme *Caudipteryx*, *Sinosauropteryx* et *Microraptor*.

En Australie

- Au cours des 50 dernières années, certaines des découvertes de fossiles de dinosaures les **plus extraordinaires** ont eu lieu en Australie.
- Dans le Queensland, la région de Muttaburra a légué des restes du grand herbivore ***Muttaburrasaurus***.

Le sais-tu ?

L'accès à la crique de Dinosaur Cove est difficile, et de nombreux fossiles sont contenus dans des roches dures, au milieu de falaises abruptes battues par les vagues.

- *Muttaburrasaurus* mesurait plus ou moins **7 m de long** et présentait des points communs avec le fameux dinosaure herbivore Iguanodon.
- Des fossiles de ***Rhoetosaurus***, un herbivore géant, ont été découverts en 1924 dans le Sud du Queensland.

▲ Muttaburrasaurus *vécut entre -110 et -100 Ma dans ce qui est maintenant la Nouvelle-Galles du Sud, en Australie. Bipède – il marchait sur ses deux pattes postérieures – ce cousin d'*Iguanodon *pesait environ 3 tonnes.*

▶ *Un grand nombre de fossiles exceptionnels ont été découverts en Australie au cours des 50 dernières années ; la plupart n'existent nulle part ailleurs dans le monde.*

- D'une longueur d'environ **15 m**, le sauropode *Rhoetosaurus* vivait en Australie, approximativement entre -180 et -165 Ma.
- Près de Winton, dans le Queensland, on a repéré plus de **3 300 empreintes** dessinant un itinéraire emprunté par environ 130 dinosaures.
- L'un des principaux gisements fossilifères d'Australie est **Dinosaur Cove**, une crique située sur la côte, près de Melbourne, dans l'État de Victoria.
- Âgées de 120 à 110 millions d'années, les roches abondantes en fossiles de Dinosaur Cove font partie des chaînes montagneuses d'**Otway et de Strzelecki**.
- Les fossiles extraits de Dinosaur Cove comprennent ceux de ***Leaellynasaura*** et ceux de l'herbivore ***Atlascopcosaurus***.

En Amérique du Nord

- L'Amérique du Nord est le continent où l'on a trouvé le **plus grand nombre de fossiles** de dinosaures.
- La plupart de ces fossiles proviennent des États du Montana, du Wyoming, de l'Utah, du Colorado et de l'Arizona, aux **États-Unis**, mais aussi de l'Alberta au **Canada**.

▲ *Cette carte montre quelques-uns des gisements fossilifères les plus importants d'Amérique du Nord. On y a trouvé les restes de certains des dinosaures les plus célèbres, notamment* Allosaurus, Tyrannosaurus, Diplodocus, Triceratops *et* Stegosaurus.

▶ Coelophysis *fut découvert au Nouveau-Mexique aux États-Unis, en 1881. Dans les années 1940, une autre expédition décela des dizaines de squelettes dans un gigantesque charnier de dinosaures.*

- En Amérique du Nord, plusieurs **sites riches en fossiles** sont désormais des parcs nationaux.
- À la frontière de l'Utah et du Colorado, le ***Dinosaur National Monument*** a été créé en 1915.
- La **carrière de dinosaures de Cleveland-Lloyd** dans l'Utah recèle des fossiles de stegosaures, d'ankylosaures, de sauropodes et de carnivores comme *Allosaurus*.
- Le long de la rivière La Biche, dans l'Alberta, un site regorgeant de milliers de fossiles de dinosaures a été décrété **Parc provincial Dinosaur**.
- Le Parc provincial Dinosaur est un site naturel inscrit au **patrimoine mondial de l'Unesco**, ce qui confirme son importance exceptionnelle.
- Les fossiles localisés dans l'**Alberta** incluent ceux du prédateur *Albertosaurus*, du dinosaure cuirassé *Euoplocephalus* et du dinosaure à bec de canard *Lambeosaurus*.
- **Un énorme herbivore** de 20 m de long a été nommé *Alamosaurus* d'après la formation rocheuse d'Ojo Alamo, située au Nouveau-Mexique aux États-Unis, également connue sous le nom de « formation de Kirtland ».

En Amérique du Sud

- La plupart des grandes découvertes de fossiles de dinosaures de ces 30 dernières années ont été effectuées en **Amérique du Sud**.
- On a trouvé des fossiles de **dinosaures du nord au sud** de ce continent, notamment au Brésil et en Argentine.
- La **majorité des fossiles** de dinosaures mis au jour en Amérique du Sud proviennent de régions de hautes prairies, de brousses et de semi-déserts s'étendant au sud du Brésil et de l'Argentine
- Plusieurs des premiers dinosaures connus, comme ***Herrerasaurus*** et ***Eoraptor***, peuplaient l'Argentine il y a plus de 225 Ma.
- Parmi les tout derniers dinosaures, les sauropodes ***Saltasaurus*** et ***Titanosaurus*** ont eux aussi habité l'Argentine.

Le sais-tu ?

Certains des plus grands dinosaures, notamment l'énorme carnivore Giganotosaurus et le titanesque sauropode Argentinosaurus, vivaient en Argentine.

◄ Saltasaurus *a été nommé d'après la province de Salta, soit la région d'Argentine où ses fossiles ont été découverts.*

▶ *Les fossiles de dinosaures mis au jour en Amérique du Sud depuis les années 1970 ont permis de décrire des espèces uniques de carnivores, les plus grands de tous les dinosaures prédateurs, certains dinosaures les plus primitifs, et celui qui est peut-être le plus grand de tous,* Argentinosaurus.

- Les fossiles du prédateur ***Piatnitzkysaurus*** proviennent de Cerro Cóndor, au sud de l'Argentine.
- *Piatnitzkysaurus* ressemblait beaucoup au grand prédateur *Allosaurus* originaire d'Amérique du Nord, mais avec ses **4 à 5 m de long**, sa taille était inférieure de moitié.
- Comme beaucoup de dinosaures argentins, *Piatnitzkysaurus* vécut pendant le **Jurassique moyen et le Jurassique supérieur**.
- Dans les années 1970, les fossiles d'une dizaine de ***Patagosaurus***, un énorme sauropode, ont été découverts dans la région de Chubut, en Argentine.

La formation des fossiles

- La plupart des **informations** dont nous disposons, ou que nous supposons à propos des dinosaures proviennent des fossiles.
- Les fossiles sont les **restes d'organismes** (animaux ou végétaux) morts, peu à peu minéralisés par un ensemble de processus qui les ont changés en pierre.
- **De multiples formes de vie** préhistoriques nous ont laissé des fossiles, notamment des mammifères, des oiseaux, des lézards, des poissons, des insectes, ainsi que des végétaux tels que les fougères et les arbres.
- **Quand un dinosaure mourait**, sa chair, ses viscères et autres parties molles de son corps étaient probablement dévorés par des charognards, ou pourrissaient. C'est pourquoi il est rare que ces éléments se soient fossilisés.

▼ *La formation de fossiles est un processus très long, largement soumis au hasard et à la chance. Seule une infime partie des dinosaures ayant foulé la planète ont laissé ces témoignages derrière eux. En raison de la manière dont les fossiles se forment, les dinosaures qui mouraient dans l'eau, ou sur les berges des rivières et des lacs, étaient les plus susceptibles de se fossiliser. Il est extrêmement rare de trouver les restes fossilisés d'un dinosaure disposés exactement comme ils l'auraient été de son vivant.*

1 Le dinosaure meurt, et ses parties molles sont mangées par des charognards ou se décomposent.

2 Du sable, de la boue ou d'autres sédiments recouvrent les parties dures comme les griffes, les dents ou les os.

> **Le sais-tu ?**
> Les parties dures du corps des dinosaures étaient les plus aptes à se fossiliser, en particulier les dents, les os, les griffes et les cornes.

- Le **sable et les autres sédiments** entourant les restes d'un dinosaure, étaient alors enfouis de plus en plus profondément sous d'autres couches de sédiments. Sous leur pression, la première couche sédimentaire finissait par se solidifier en une masse rocheuse compacte.
- Lorsque cette couche sédimentaire se transformait **en roche**, les restes du dinosaure qu'elle renfermait faisaient de même.
- Les informations que nous avons sur les dinosaures ne proviennent pas uniquement des fossiles de leurs corps, mais aussi **des traces** qu'ils ont laissées derrière eux. En effet, divers éléments et indices de leur présence pouvaient également se fossiliser.
- Les coquilles d'œufs, les empreintes, les marques de griffes et de dents, ainsi que les coprolithes (excréments minéralisés) constituent ces **autres types de fossiles**.

3 Des couches supplémentaires s'accumulent au-dessus de la première, tandis que les sédiments et les autres parties dures se transforment en roche.

4 L'érosion (l'usure) des couches rocheuses supérieures expose le fossile.

L'âge des dinosaures

- L'**âge des dinosaures** correspond à l'ère, la plus grande période de temps géologique, que les géologues appellent le Mésozoïque et qui s'étend de -251 à -66 Ma environ.
- Le Mésozoïque se subdivise en **trois périodes** : le Trias, le Jurassique et le Crétacé.
- C'est durant le **Trias** (-252 à -201 Ma environ) que les dinosaures commencèrent à évoluer.

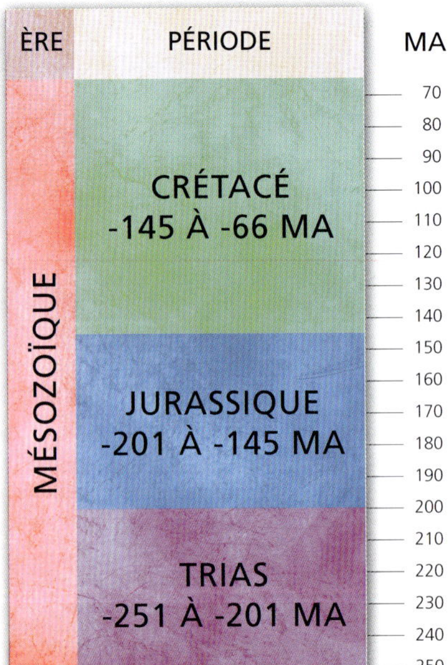

◀ *Les dinosaures ont régné sur la Terre pendant 185 Ma, soit plus longtemps que n'importe quel autre groupe d'animaux.*

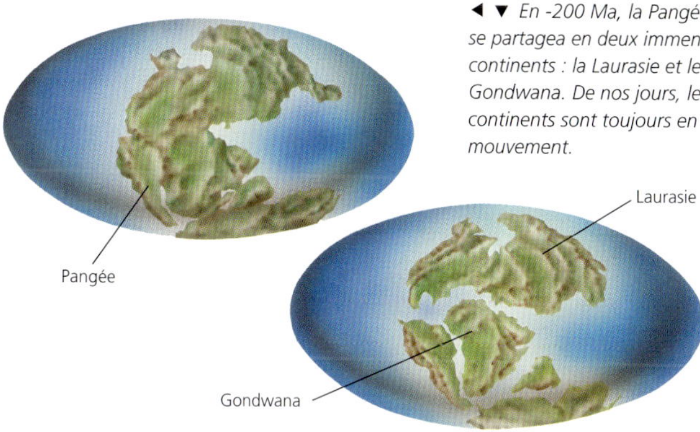

◄ ▼ *En -200 Ma, la Pangée se partagea en deux immenses continents : la Laurasie et le Gondwana. De nos jours, les continents sont toujours en mouvement.*

- C'est au cours du **Jurassique** (-201 à -145 Ma environ), que les dinosaures atteignirent leur plus grande taille.
- Quant au **Crétacé** (-145 à -66 Ma environ), il se caractérisa par la coexistence de la plus grande diversité d'espèces de dinosaures.
- Durant le Trias, tous les continents étaient reliés entre eux et formaient le supercontinent de la **Pangée**.
- Pendant le Jurassique, la Pangée se scinda en deux énormes masses continentales : la **Laurasie** et le **Gondwana**.
- Au Crétacé, la Laurasie et le Gondwana se divisèrent à leur tour, pour conduire à la formation des **continents** tels que nous les connaissons aujourd'hui.
- Durant le Mésozoïque, les grandes masses continentales se déplacèrent progressivement tout autour du globe, un phénomène appelé **« dérive des continents »**.
- La réunion et la séparation des continents influencèrent la **distribution géographique** des différentes espèces de dinosaures.

Les archosaures

- Les archosaures constituent un **grand groupe de reptiles**, dont les dinosaures ne forment qu'un sous-groupe.
- Les archosaures englobent d'autres sous-groupes comme les **ptérosaures volants, les crocodiles et les oiseaux**, puisque ces derniers ont évolué à partir des dinosaures.
- Les **crocodiliens actuels** sont ce qu'il reste des pseudosuchiens, tandis que les ornithosuchiens – un groupe de reptiles moins bien connu, qui leur étaient étroitement apparentés – ont totalement disparu.
- Membre des ornithosuchiens semblable à un dinosaure, ***Ornithosuchus*** a donné son nom à ce groupe.
- **Long de 4 m**, *Ornithosuchus* pouvait se tenir presque à la verticale. C'était probablement un prédateur redoutable.

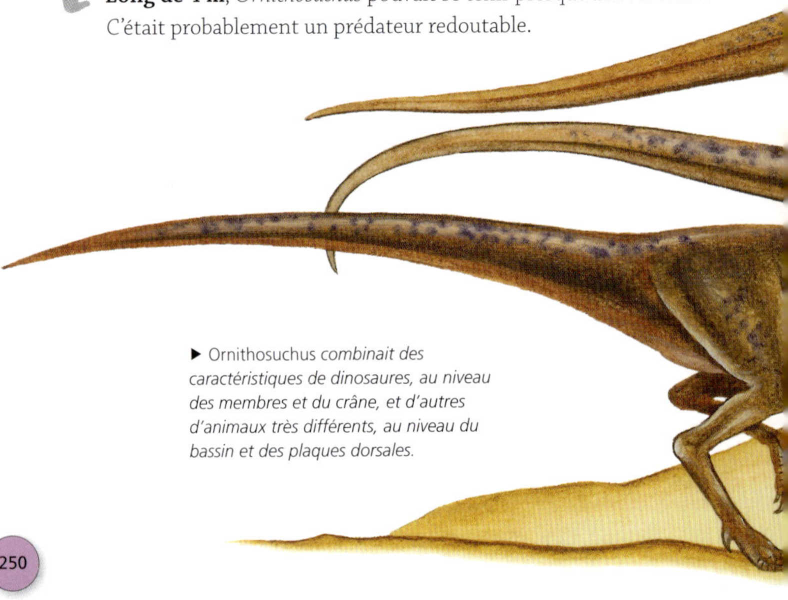

▶ Ornithosuchus *combinait des caractéristiques de dinosaures, au niveau des membres et du crâne, et d'autres d'animaux très différents, au niveau du bassin et des plaques dorsales.*

- On a découvert des fossiles d'*Ornithosuchus* **en Écosse**.
- Les caractéristiques de la colonne vertébrale, du bassin et des pattes d'*Ornithosuchus* indiquent qu'il n'était **pas tout à fait un dinosaure**, mais encore un archosaure.
- Certains paléontologues classent *Archosaurus*, un reptile de la fin du Permien, comme **l'un des premiers archosaures**, mais d'autres scientifiques sont en désaccord.

La découverte des dinosaures

- Lorsque les **premiers fossiles de dinosaures** commencèrent à être étudiés par les scientifiques, dans les années 1820, on pensait qu'il s'agissait d'énormes lézards, de rhinocéros ou même de baleines.
- Dénommé par le géologue et paléontologue britannique William Buckland en 1824, ***Megalosaurus*** fut le premier dinosaure à recevoir un nom officiel.
- Des fossiles de dinosaures furent découverts et étudiés en 1822 par **Gideon Mantell**, à l'origine un médecin du Sussex, dans le Sud de l'Angleterre.
- En 1825, Gideon Mantell appela « ***Iguanodon*** » le dinosaure dont il avait découvert des dents, en raison de leur ressemblance avec celles des iguanes, quoique qu'elles étaient plus grandes.
- À la fin des années **1830**, le paléontologue britannique Sir Richard Owen comprit que certains fossiles n'appartenaient pas au groupe des lézards, mais à un autre groupe de reptiles qui n'avait pas encore de nom.
- En 1841, Richard Owen inventa un nouveau terme pour désigner ce groupe de reptiles préhistoriques géants : ***Dinosauria***, qui signifie **« terrible lézard »**.
- Des maquettes grandeur nature de plusieurs dinosaures furent réalisées par le sculpteur britannique **Waterhouse Hawkins**, entre 1852 et 1854.
- Les maquettes de Hawkins furent présentés à **l'Exposition universelle** de 1851 à Londres, où elles firent sensation.

En 1840, les trois principaux dinosaures du groupe nouvellement nommé *Dinosauria* étaient ***Iguanodon***, le carnivore ***Megalosaurus*** et le nodosaure ***Hylaeosaurus***.

▶ Megalosaurus *fut le premier dinosaure à recevoir un nom scientifique officiel, alors que le terme « dinosaure » n'avait même pas encore été inventé !*

Les chasseurs de fossiles

- De nombreux dinosaures furent découverts aux États-Unis entre 1870 et 1890, par **Othniel Charles Marsh** et **Edward Drinker Cope**.
- Éternels rivaux, Marsh et Cope se livraient une compétition sans merci. De 1877 à 1897, Cope et Marsh ont mis au jour et décrit environ **130 nouveaux dinosaures**.
- Au Canada, en 1884, Joseph Tyrrell découvrit des restes d'***Albertosaurus***, dans la région de la rivière La Biche, dans la province de l'Alberta, un site depuis réputé pour ses fossiles de dinosaures.
- Lawrence Lambe identifia un grand nombre de fossiles de dinosaures en Amérique du Nord, comme par exemple ***Centrosaurus*** en 1904.
- Entre 1908 et 1912, les chasseurs de fossiles allemands Werner Janensch et Edwin Hennig menèrent des expéditions dans l'Est de l'Afrique, où ils découvrirent ***Giraffatitan*** et ***Kentrosaurus***.
- En 1933, Yang Zhongjian, également appelé C. C. Young, dirigea de nombreuses opérations de **chasse aux fossiles** un peu partout en Chine.
- L'Argentin José Bonaparte trouva quantité de fossiles dans son pays natal, notamment ceux de ***Carnotaurus*** en 1985.
- Paul Sereno, de l'université de Chicago, découvrit et dénomma **d'énormes dinosaures et des crocodiles**, en Amérique du Sud et en Afrique du Nord.

Le sais-tu ?

L'un des premiers grands chasseurs de fossiles aux États-Unis fut Joseph Leidy, qui découvrit Troodon en 1856.

◄ ▼ *La rivalité entre Othniel Charles Marsh et Edward Drinker Cope était surnommée la « guerre des os ». Apparemment, cette guerre commença quand Marsh fit remarquer à Cope une erreur dans sa reconstitution d'un squelette de plésiosaure. Cope ne le lui pardonna jamais. Cependant, leur incessante compétition conduisit à la découverte de nouvelles espèces de dinosaures !*

Edward Drinker Cope
(1840–1897)

Othniel Charles Marsh
(1831–1899)

Les noms de dinosaures 1

- Chaque dinosaure reçoit un **nom scientifique**, généralement dérivé de termes latins ou grecs, ou encore de noms de lieux. Cette appellation s'écrit en italique.
- Beaucoup de noms de dinosaures finissent par -saurus, un mot d'origine grecque qui signifie « lézard ». Cependant, **les dinosaures n'étaient pas des lézards**.
- Ces noms font généralement référence aux **caractéristiques** propres à chaque dinosaure. *Baryonyx*, par exemple, signifie « lourde griffe », d'après celle que l'animal avait sur le pouce.

- Le carnivore argentin ***Herrerasaurus*** a été dénommé d'après Victorino Herrera, le fermier qui découvrit ses fossiles.
- Les noms de dinosaures sont souvent très difficiles à articuler, comme *Opisthocoelicaudia* qui se prononce **« o-pi-sto-ko-é-li-ca-o-di-a »**. Ce nom signifie « creux de l'arrière de la queue » en référence aux vertèbres caudales de l'animal, concaves à l'arrière au lieu de l'être à l'avant comme chez les autres dinosaures.
- L'appellation de certains dinosaures vient parfois du nom du **lieu** de leur découverte. Par exemple, *Minmi* fut trouvé près de Minmi Crossing, dans le Queensland, en Australie.
- Certains groupes de dinosaures ont été nommés en fonction du **premier spécimen** identifié, ou du plus remarquable du groupe, comme par exemple les tyrannosaures ou les stégosaures.
- Les rapides dinosaures-autruches sont appelés **« ornithomimosaures »**, qui signifie « lézard imitant les oiseaux ».

◀ *En 1988, on déterra un spécimen presque complet d'*Herrerasaurus. *Il fut nommé en l'honneur du fermier qui l'avait découvert.*

Les noms de dinosaures 2

- Plus de **150 espèces** de dinosaures ont été nommées d'après les personnes qui découvrirent leurs fossiles, les déterrèrent ou en firent la première reconstitution.
- Le grand dinosaure à bec de canard (hadrosaure) ***Lambeosaurus*** doit son nom au paléontologue canadien Lawrence Lambe.
- Lambe exerça son activité principalement au début des années 1900. L'une de ses découvertes fut ***Stephanosaurus***, dont il détermina le nom.
- Dans les années 1920, *Stephanosaurus* et *Didanodon* prirent le nom de **« *Lambeosaurus* »**, en l'honneur du travail de Lambe.
- Le nom complet du carnivore à **« lourde griffe »** *Baryonyx* est *Baryonyx walkeri*, d'après Bill Walker, l'homme qui découvrit sa fameuse griffe.
- **Chasseur de fossiles** amateur, Bill Walker trouva cette griffe dans une carrière d'argile du Surrey, en Angleterre.

▲ *Le premier vestige fossile de* Baryonyx *à être mis au jour fut l'énorme griffe de son pouce.*

Le sais-tu ?

Le dinosaure australien Leaellynasaura a été nommé en l'honneur de Leaellyn, la fille du couple de paléontologues qui l'ont découvert en 1987.

- Certains noms de dinosaures sont assez techniques, comme ***Diplodocus***, qui signifie **« double poutre »**, à cause de ses vertèbres caudales, dont chacune est dotée d'une double projection osseuse, semblable à de longs chevrons aplatis.
- Le nom d'***Othnielia***, un herbivore d'environ 1,50 m, honore le chasseur de fossiles du XIXe siècle Othniel Charles Marsh.
- ***Parksosaurus***, un herbivore de 2,50 m de long, s'est vu attribué un nom en l'honneur du paléontologue canadien William Parks.

▲ Alectrosaurus *signifie « lézard seul ». Ce dinosaure vécut entre -90 et -75 Ma en Asie centrale et en Chine.*

Leurs cousins volants

- De nombreux **animaux volants** vécurent pendant l'ère des dinosaures, en particulier des oiseaux et des insectes, notamment des libellules.
- Mais les animaux volants les plus répandus étaient les ptérosaures, ou « **lézards ailés** ».
- Des centaines de **ptérosaures différents** émergèrent et disparurent durant l'âge des dinosaures, approximativement entre -220 et -66 Ma.
- Les membres antérieurs des ptérosaures ressemblaient à des ailes. Ils portaient une **membrane fine et légère** reliée aux doigts, en particulier au quatrième.

▶ *Contrairement à d'autres ptérosaures,* Pteranodon *possédait sur le crâne une énorme crête, qui l'aidait peut-être à stabiliser son vol.*

- Les ptérosaures sont parfois appelés **« ptérodactyles »**, mais *Pterodactylus* n'était qu'une espèce de ptérosaure.
- *Pterodactylus* avait une **envergure de plus ou moins 1 m**. Il a vécu entre -150 et -140 Ma dans le Sud de l'Allemagne.
- Certains ptérosaures comme *Pteranodon* avaient une **queue très courte, ou pas de queue du tout**. *Pteranodon* volait dans le ciel d'Amérique du Nord, il y a environ 100 Ma.
- Le ptérosaure ***Rhamphorhynchus*** disposait d'un long appendice caudal, dont l'extrémité élargie rappelait la forme d'une pagaie.
- Les fossiles suggèrent que certains ptérosaures étaient peut-être recouverts de **fourrure**. Ils auraient pu alors être des animaux à sang chaud au vol agile, et non de grands planeurs lents et gauches.
- Le plus grand des ptérosaures, et l'un des plus grands animaux volants de tous les temps, fut ***Quetzalcoatlus***. La longueur de son « bec » dépassait la taille d'un humain adulte, et ses ailes se déployaient sur près de 12 m d'envergure.

Leurs cousins terrestres

- Les insectes, les araignées, d'autres reptiles, les oiseaux et les mammifères comptaient parmi les **animaux terrestres contemporains** des dinosaures.
- ***Deinosuchus*** (ou *Phobosuchus*) n'était pas un dinosaure, mais une espèce cousine des alligators modernes, et l'un des plus grands reptiles terrestres.
- *Deinosuchus* vécut au Crétacé supérieur, du Mexique au Montana aux États-Unis, y compris plus à l'est en Caroline du Nord et en Georgie.
- Le crâne fossile de *Deinosuchus* mesure plus de 1,50 m de long. L'animal était donc beaucoup **plus grand** que n'importe quel crocodilien actuel.

▲ *Contemporains des dinosaures primitifs, les thérapsides existaient déjà plusieurs millions d'années avant eux.*

◄ Erythrosuchus *était une sorte de crocodile, qui vécut il y a 240 Ma. Il mesurait 4 à 5 m de long et peuplait les zones humides.*

- *Protosuchus*, un **genre primitif de crocodilien**, se déplaçait avec agilité grâce à ses membres verticaux. Sa bouche était dotée de larges mâchoires puissantes.

- Les **premiers mammifères** ont émergé à peu près à la même époque que les dinosaures primitifs.

- Les mammifères ont donc vécu **en même temps que les dinosaures**. Aucun cependant ne dépassait alors la taille d'un blaireau, soit à peine 1 m de long.

- D'un aspect proche de celui d'une musaraigne moderne, ***Megazostrodon***, fut l'un des premiers mammifères. Ses fossiles provenant d'Afrique australe datent de -200 à -190 Ma.

Le sais-tu ?

Parcourant déjà la Terre peu avant l'apparition des dinosaures, les thécodontes étaient des reptiles élancés, pourvus de longues pattes. Ils se nourrissaient probablement d'insectes et de lézards.

Leurs cousins aquatiques

Les **placodontes** étaient des reptiles marins, qui vécurent principalement au cours du Trias. Ils ressemblaient à de grosses salamandres ou de grosses tortues, et se nourrissaient probablement de crustacés.

Placodus était un placodonte d'à peine **2 m de long**, à l'apparence d'un grand triton écailleux.

▼ *Les narines et les yeux de* Mastodonsaurus *étaient situés sur le dessus de sa tête, pour lui permettre de respirer et regarder autour de lui, tout en se dissimulant sous l'eau.*

- Présents au Trias, les **nothosaures** étaient des reptiles piscivores (mangeurs de poisson) pourvus d'une petite tête, d'un long cou, d'une longue queue et de quatre membres en forme de nageoires.

- Des fossiles de ***Nothosaurus***, un nothosaure long de **3 m**, ont été mis au jour principalement en Europe, mais aussi en Afrique du Nord et en Asie de l'Est et du Sud-Ouest.

- D'un aspect rappelant celui des dauphins, les **ichthyosaures** étaient dotés d'un aileron dorsal, d'une nageoire caudale verticale à deux lobes, et de membres antérieurs comme des palettes natatoires.

- Durant le **Trias et le Jurassique**, de nombreuses espèces d'ichthyosaures prospéraient dans les océans, mais beaucoup s'éteignirent vers le milieu du Crétacé.

- Susceptible d'atteindre plus ou moins 15 m de long, ***Shonisaurus*** était l'un des plus grands ichthyosaures.

- Présents durant le Mésozoïque, les **plésiosaures** étaient des reptiles piscivores. Ils possédaient une petite tête, un corps dodu, quatre membres comme des nageoires et une courte queue effilée.

- Les **mosasaures** étaient un groupe de grands reptiles marins féroces, qui hantèrent les océans entre -98 et -66 Ma.

Le sais-tu ?

L'un des plus grands carnivores de tous les temps fut le plésiosaure Liopleurodon. Certains individus dépassaient probablement 20 m de long, pour un poids stupéfiant de 50 tonnes.

L'extinction

- **Tous les dinosaures** de la Terre, à l'exception des dinosaures volants, se sont éteints il y a 66 Ma.
- D'innombrables reptiles, comme les mosasaures et les plésiosaures, ainsi que les ptérosaures et de nombreux autres animaux et végétaux, disparurent en même temps que les dinosaures. C'est ce que l'on appelle **« une extinction de masse »**.
- Pour expliquer cette extinction, **l'une des toutes premières hypothèses** proposait qu'elle avait été causée par l'apparition d'une nouvelle maladie, qui aurait balayé la terre et les océans.
- Certains ont également avancé que cette extinction pouvait être due à d'énormes **éruptions volcaniques**, qui auraient rempli l'air de vapeurs toxiques, qui aurait duré plusieurs centaines d'années, voire beaucoup plus.

▼ *Les derniers dinosaures, tels que* Triceratops et Tyrannosaurus, *ont peut-être été anéantis par l'impact d'une énorme météorite sur la Terre.*

Le sais-tu ?

Au large des côtes du Yucatan au Mexique, sous la boue des fonds marins, les scientifiques ont découvert un énorme cratère, le cratère de Chicxulub. Il pourrait constituer la trace de l'endroit où une météorite géante aurait heurté la Terre, il y a 66 Ma.

- La **théorie de l'impact** affirme qu'un corps rocheux géant venu de l'espace – une météorite – serait entré en collision avec la Terre.
- Cette météorite géante de 10 km de diamètre aurait déclenché des tremblements de terre, des éruptions volcaniques et des tsunamis partout sur la Terre, générant ainsi d'énormes quantités de poussières, avec pour conséquence de bloquer la **lumière du Soleil**.
- **L'absence de lumière solaire** aurait entraîné la mort de nombreux végétaux, provoquant à leur tour la disparition des animaux herbivores ainsi privés de nourriture, puis de leurs prédateurs.
- **L'une des grandes énigmes** relative à l'extinction des dinosaures est de comprendre pourquoi des reptiles comparables, comme les crocodiles, les lézards et les tortues ont survécu.

Après les dinosaures

- L'**âge des dinosaures** s'acheva brutalement il y a 66 Ma. Nous le savons grâce aux modifications spectaculaires des roches et des fossiles de cette époque.
- Le Crétacé prit fin **66 Ma avant notre ère**, et aucun fossile de dinosaures postérieur à cette époque n'a jamais été découvert.
- De **nombreux groupes d'animaux**, notamment les poissons, les crocodiles, les tortues, les lézards, les oiseaux et les mammifères ont survécu à cette extinction massive.
- Les oiseaux et les mammifères en particulier ont connu une **évolution rapide** après la disparition des dinosaures.

▶ Indricotherium *était en moyenne quatre fois plus gros que les éléphants d'aujourd'hui.*

▶ *Les fossiles du premier oiseau furent confondus avec ceux d'un dinosaure. Certains des fossiles d'*Archaeopteryx*, qui vécut en Europe vers -155 Ma, ressemblent beaucoup à ceux de petits dinosaures.* Archaeopteryx *fut longtemps considéré comme un dinosaure, jusqu'à ce que les paléontologues remarquent la trace discrète de ses plumes, et réalisent qu'il s'agissait d'un oiseau.*

- Le mammifère terrestre le plus susceptible de rivaliser avec les **dimensions gigantesques** des dinosaures était *Indricotherium*, également connu sous le nom de *Baluchitherium*.

- **Indricotherium** mesurait **8 m de long** et 5,50 m de hauteur au garrot, pour un poids avoisinant **20 tonnes**. Malgré cela, il était encore trois fois plus petit que les plus gros des dinosaures !

Le sais-tu ?

Les chauves-souris, les primates, les tatous, les ongulés et les rongeurs sont apparus au cours des dix millions d'années qui ont suivi la disparition des dinosaures.

Énigmes et spéculations

- Certains dinosaures ont été nommés à partir de **très peu d'éléments**, par exemple un unique fragment d'os fossile, une dent ou bien une griffe.
- La première dent du carnivore ***Troodon*** fut découverte à proximité de la rivière Judith, dans l'État du Montana, aux États-Unis. On admit d'abord que cette dent de *Troodon* appartenait à un lézard.
- Dans les années 1900, d'**autres dents** très semblables à celles de *Troodon* furent mises au jour dans la province de l'Alberta, au Canada, et dans le Wyoming, aux États-Unis. On pensait alors qu'elles provenaient d'un pachycéphalosaure, un dinosaure au crâne épais.
- Puis dans les années 1980, on parvint à reconstituer une **image plus complète** de *Troodon*, en combinant ses dents avec d'autres fossiles.
- ***Therizinosaurus***, ou « lézard à faux », était un énorme dinosaure qui peuplait la Mongolie, en Asie centrale, au Crétacé supérieur. Il est connu seulement grâce à quelques fragments de ses membres.
- On a trouvé le fossile d'**une mystérieuse griffe**, qui aurait pu appartenir à *Therizinosaurus*. Sa courbe extérieure mesure près de 90 cm.
- Ces dernières années, les fossiles de **plusieurs espèces de thérizinosaures** ont été découverts en Asie, notamment en Chine.
- Plusieurs de ces étranges dinosaures, probablement herbivores, étaient aussi hauts qu'une girafe et pesaient plus qu'un éléphant. Certaines parties de leur corps étaient couvertes de **plumes**.

▼ *Le petit carnivore* Troodon *fut décrit et nommé en 1856, à partir d'une seule dent.*

Les reconstitutions

- **Aucun dinosaure fossilisé complet** n'a jamais été découvert, qui aurait conservé sa peau, ses muscles, ses viscères et toutes les autres parties molles de son corps.
- La **reconstitution** de la plupart des dinosaures est effectuée à partir de fossiles de leurs dents, de leurs os, de leurs cornes et de leurs griffes.
- La grande majorité d'entre eux ne sont connus qu'à partir de **quelques fossiles**, comme des fragments osseux.

- Les parties fossiles d'**autres dinosaures semblables** sont souvent utilisées dans les reconstitutions, afin de compléter les vides laissés par les os, les dents voire même les têtes, les queues ou les membres manquants.
- Les parties molles du corps des **reptiles modernes**, tels que les lézards, sont utilisées pour guider la reconstitution des muscles et des viscères des dinosaures.

◄ *Ces paléontologues – les scientifiques qui cherchent et étudient les os de dinosaures – exhument un nouveau squelette.*

▼ *Sur un site fossilifère, ou « site de fouilles », les paléontologues enregistrent chaque étape de l'excavation des fossiles, en prenant des mesures et des photographies, mais aussi en établissant des cartes et en dessinant des croquis.*

▼ *Certains fossiles fragiles sont enveloppés dans des bandages de plâtre. Une fois durcis, ils soutiennent et protègent les fossiles pendant leur manipulation et leur transport.*

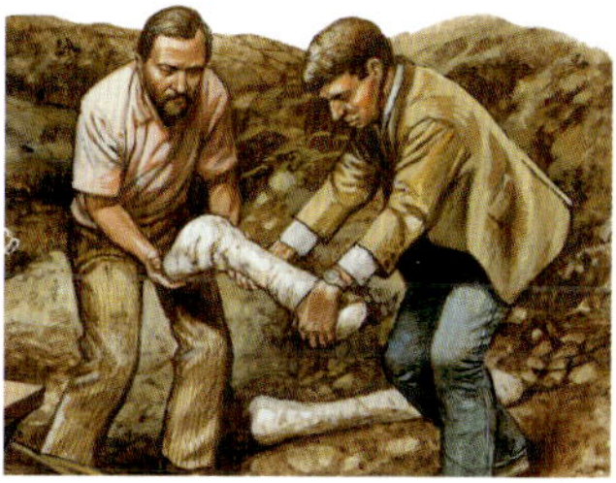

- En de rares occasions, on a trouvé des restes de dinosaure, qui devaient s'être desséchés si rapidement, que certaines parties s'étaient **momifiées avant de fossiliser**.

- L'un des fossiles de dinosaures les plus connus et les mieux préservés est celui de ***Brachylophosaurus***, un hadrosaure (dinosaure à bec de canard) mesurant **7 à 9 m** et datant d'environ -75 Ma.

- Surnommé **« Elvis »,** cet étonnant fossile fut découvert par le chasseur de fossiles Nate Murphy, dans le Montana (États-Unis), en 1994.

- En 2000, Murphy trouva un Brachylophosaurus **encore mieux conservé**, que l'on appela **« Leonardo »**.

Le sais-tu ?

« Elvis », le Brachylophosaurus partiellement momifié, tire son nom de son pelvis presque parfaitement conservé.

Le temps des mammifères

Les fossiles d'oiseaux

- Il existe beaucoup moins de **fossiles d'oiseaux** que de fossiles d'autres animaux, parce que les oiseaux ont des squelettes fragiles.
- Certaines espèces d'oiseaux préhistoriques ne sont connues que par l'empreinte fossile d'une **plume ou d'une patte**.
- L'un des plus célèbres fossiles d'oiseaux est celui d'***Archaeopteryx***, découvert à Solnhofen, en Allemagne, en 1861.
- La roche calcaire de Solnhofen s'est formée lentement, à partir de boues riches en carbonate de calcium. Ce processus a permis la **préservation** des moindres détails d'*Archaeopteryx*, jusqu'au contour précis de ses plumes.
- Aux États-Unis, la formation de craie de Niobrara, au Kansas, et les gisements de Green River, en Utah et au Wyoming, comptent parmi les **sites réputés** pour leurs fossiles d'oiseaux.
- Le gisement fossilifère de Messel en Allemagne abrite également des squelettes d'**oiseaux disparus** depuis longtemps, ainsi que d'autres ressemblant à des flamants, des martinets, des hiboux et des engoulevents
- Issus du **Paléogène moyen**, les fossiles d'oiseaux de Messel datent d'environ 47 Ma.
- Au contraire de ceux de nombreux reptiles préhistoriques, les ossements des oiseaux son **creux**, ce qui facilite leur identification par les chasseurs de fossiles.

Le sais-tu ?

Un exemple impressionnant d'œuf fossilisé est celui de l'oiseau-éléphant Aepyornis, une espèce à présent éteinte. Cet œuf absolument énorme avait une contenance d'environ 8,5 litres !

▲ *Les fossiles d'*Archaeopteryx *sont parmi les plus célèbres de tous. Ils montrent clairement les plumes de l'oiseau, ses doigts griffus, son bec dentu et sa longue queue.*

Les oiseaux de terreur

- Après l'extinction des grands dinosaures, vers -66 Ma, d'immenses oiseaux incapables de voler en profitèrent pour devenir les **prédateurs dominants**. Ils étaient connus sous le nom d'« oiseaux de terreur ».
- ***Gastornis*** était classé comme l'un de ces oiseaux de terreur. Il possédait une tête énorme et des membres puissants, comme ceux de ses ancêtres dinosaures, ce qui lui permettait, supposait-on, de courir plus vite que ses proies.
- Certains experts pensent que *Gastornis* était un **proche cousin** des canards, des oies et d'autres oiseaux apparentés.
- Malgré sa taille colossale, *Gastornis* était également **un rapide coureur** au pas léger. En effet, comme tous les oiseaux, il avait des os creux.
- On a longtemps cru que *Gastornis* était un féroce prédateur. La nature de son régime alimentaire faisait toutefois débat, et une étude récente a finalement conclu qu'il était **herbivore**.
- Au cours de l'Éocène supérieur et de l'Oligocène, soit entre -40 et -23 Ma, les **grands mammifères carnivores** sont devenus plus puissants et meilleurs chasseurs, prenant le pas sur ces prédateurs.

◄ Gastornis *mesurait environ 2 m de haut. Sa tête avait la taille de celle d'un cheval. Il peuplait l'Europe et l'Amérique du Nord vers -55 Ma.*

▶ *L'oiseau de terreur* Titanis *parcourait les plaines de la Floride et du Texas actuels, entre -5 et -2 Ma environ. Certains indices tendent à prouver que plusieurs de ces grands oiseaux auraient survécu jusqu'à -1 Ma.*

- Cependant, en Amérique du Sud, coupée de l'Amérique du Nord et du reste du monde pendant la majeure partie des 66 derniers millions d'années, les oiseaux de terreur ont réussi à maintenir leur **domination** plus longtemps

- ***Phorusrhacos*** était un oiseau de terreur originaire d'Amérique du Sud. Il pouvait atteindre 2,50 m de haut.

- ***Titanis*** était l'un des rares oiseaux de terreur natifs d'Amérique du Nord, et l'un des plus grands de tous. Il mesurait de 1,40 à 1,90 m, pour environ 150 kg.

Le sais-tu ?

Contrairement aux autres oiseaux incapables de voler, *Titanis* possédait des doigts griffus à l'extrémité de ses membres antérieurs. Il les utilisait probablement pour s'emparer ses proies.

Les oiseaux inaptes au vol

- La plupart des oiseaux préhistoriques incapables de voler étaient des **oiseaux géants**, mais tous n'étaient pas des oiseaux de terreur.
- Les oiseaux géants apparus par la suite atteignirent des tailles incroyables. ***Dinornis***, par exemple, fut le plus grand oiseau terrestre de tous les temps ; il pouvait atteindre 3,50 m de haut.
- *Dinornis* vivait en **Nouvelle-Zélande**. Il vit le jour il y a environ 2 Ma, et il n'est pas exclu qu'il ait survécu jusqu'au début du XVIe siècle !
- *Dinornis* appartenait au groupe d'oiseaux connus sous le nom de « moas ». À diverses époques, les deux îles principales de la Nouvelle-Zélande abritaient probablement **huit ou neuf espèces** différentes de moas.
- Les deux plus grandes espèces de *Dinornis* étaient les **moas géants**. Extrêmement lourds, ils pesaient autour de 200 kg, et jusqu'à 250 kg pour certains individus.
- La **disparition des moas** commença peu de temps après l'arrivée des premiers êtres humains en Nouvelle-Zélande, et il est probable qu'ils se soient tous éteints avant la fin du XVe siècle.
- Sur l'île de Madagascar, prospérait un autre groupe d'oiseaux énormes et incapables de voler : les **oiseaux-éléphants**.
- Susceptible d'atteindre 450 kg, l'oiseau-éléphant *Aepyornis* fut probablement **l'oiseau le plus lourd** ayant jamais existé. Comme les moas, les oiseaux-éléphants se sont éteints au cours des deux derniers millénaires.
- **Tous deux herbivores**, *Dinornis* et *Aepyornis* se nourrissaient de graines et de fruits.

Le sais-tu ?

Le kiwi serait le seul survivant du groupe d'oiseaux auquel appartenait Dinornis.

Casoar de Bennet Kiwi Casoar à casque

▲ *Ces oiseaux modernes inaptes au vol sont semblables à certains oiseaux préhistoriques. On les désigne sous le nom de « ratites », du latin* ratis *signifiant « radeau ». Au contraire des oiseaux volants, dont le sternum présente un bréchet (proéminence osseuse) pour y attacher les muscles nécessaires au vol, les ratites sont dotés d'un sternum plat, comme un radeau donc, insuffisant pour soutenir ces muscles.*

Les oiseaux aquatiques

- *Ichthyornis* était une sorte de **mouette préhistorique** apparue au cours du Crétacé supérieur, entre -100 et -66 Ma.
- Elle avait à peu près la même taille qu'un **pigeon**, mais sa tête était beaucoup plus grosse et son bec hérissé de dents tranchantes.

Le sais-tu ?

Le crâne et le bec de Presbyornis ressemblent particulièrement à ceux du canard australien actuel Stictonetta.

- ***Presbyornis*** était apparenté aux canards modernes. Comme *Ichthyornis*, il évolua pendant le Crétacé supérieur, et prospéra durant le Paléogène inférieur, entre -66 et -40 Ma.
- D'une hauteur comprise entre **0,5 m et 1 m**, *Presbyornis* était beaucoup plus grand qu'un canard moderne.
- Doté de membres plus longs que ceux de son parent actuel, c'était peut-être un **échassier** plutôt qu'un oiseau plongeur.
- À l'instar des flamants d'aujourd'hui, *Presbyornis* vivait en **vastes colonies** sur les rives des lacs.
- ***Osteodontornis*** était un gigantesque oiseau volant, d'une envergure de **4,50 à 6 m**.
- Il vécut au **Miocène** (-23 à -5 Ma) et fréquentait vraisemblablement l'océan Pacifique nord.
- *Osteodontornis* portait un **long bec** bordé de pointes osseuses analogues à des dents. Son régime alimentaire se composait probablement de calmars, qu'il capturait à la surface de l'eau.

▲ Palaelodus *était une version préhistorique du flamant, et un proche cousin de son groupe. Il résidait en Europe, en Égypte, dans les deux Amériques, en Australie et en Nouvelle-Zélande, entre -30 et -12 Ma environ.*

Les oiseaux terrestres

- Les **oiseaux terrestres** sont des oiseaux volants qui, à la différence des oiseaux aquatiques, préfèrent chasser ou se nourrir au sol.
- Les restes d'**oiseaux terrestres préhistoriques** sont rares, parce que leurs os étaient légers et donc peu susceptibles de se fossiliser.
- Il en résulte de **grandes lacunes** dans les connaissances des paléontologues sur l'évolution de nombreuses espèces aviaires. Il existe toutefois quelques informations à propos de certains oiseaux terrestres primitifs.
- ***Archaeopsittacus*** était un perroquet présent dans ce qui est aujourd'hui la France, à la période charnière entre l'Oligocène et le Miocène, vers -23 Ma.
- Découvert au Colorado, aux États-Unis, ***Ogygoptynx*** fut l'un des premiers hiboux connus. Il vécut au Paléocène, entre -62 et -56 Ma.
- ***Aegialornis*** était semblable à un martinet, dont il est peut-être l'ancêtre, ainsi que celui des colibris. Il traversa l'Éocène entre -40 et -37 Ma.

◄ *Nul ne sait dater avec certitude l'apparition des perroquets, mais leurs plus anciens fossiles auraient autour de 50 Ma. Selon certains paléontologues, ils étaient beaucoup plus nombreux autrefois qu'aujourd'hui.*

▸ *Âgés de plus de 50 Ma, les plus lointains ancêtres de ce vautour furent parmi les premiers oiseaux de proie. De nos jours, on compte plus de 10 000 espèces d'oiseaux dans le monde.*

- ***Gallinuloides*** fut l'un des premiers membres de la famille des coqs et des poules. Ses fossiles ont été découverts dans le Wyoming, aux États-Unis, dans des strates rocheuses datant de l'Éocène (-56 et -34 Ma).
- Les **vautours les plus anciens** identifiés étaient présents au Paléocène (-66 et -56 Ma).
- Les premiers faucons, grues, outardes, coucous et oiseaux chanteurs connus vécurent tous au cours de l'**Éocène**.

Le sais-tu ?

Neocathartes était une sorte de vautour primitif. Son squelette présente des similitudes avec celui des cigognes, ce qui suggère que les vautours et les cigognes seraient apparentés.

Les fossiles de mammifères

◄ *On peut encore discerner des traces de fourrure autour des pattes de Dima, le bébé mammouth.*

- Il subsiste peu de **restes fossiles** des premiers mammifères, parce que leurs cadavres étaient dévorés par les charognards.
- Cependant, les **coprolithes** (excréments fossilisés) des prédateurs et des charognards de l'époque contiennent parfois des restes non digérés de ces mammifères primitifs, par exemple leurs dents.
- À partir d'une simple molaire, les paléontologues peuvent déduire de **nombreuses informations** sur un mammifère. En étudiant le motif des crêtes et des sillons à sa surface, ils déterminent ainsi l'espèce à laquelle appartenait l'animal et la période à laquelle il vivait.
- Les paléontologues savent aussi **estimer l'âge** d'un mammifère au moment de sa mort, en analysant l'usure et les éventuelles lésions de ses dents.
- Certains mammifères ont été fossilisés dans des **fosses à bitume**. Ces immenses mares préhistoriques étaient remplies d'un mélange d'hydrocarbures formant un goudron naturel collant, qui préservait les fossiles.
- Non loin du centre-ville actuel de Los Angeles, aux États-Unis, les fosses à bitume de Rancho La Brea renfermaient un squelette parfaitement conservé du carnivore à dents de sabre **Smilodon.**

- La **congélation** est une autre manière de préserver les animaux, comme en témoignent les restes de mammouths découverts en Sibérie dans un état presque parfait.
- Des explorateurs en traîneau à chiens repérèrent certains des **premiers mammouths congelés**.
- En 1977, on découvrit un mammouth congelé presque complet. Surnommé Dima, c'était un **bébé mâle** vieux de 40 000 ans.
- Crânes, dents, mâchoires, osselets d'oreille, cornes, défenses et bois composent en partie l'**inventaire** des fossiles de mammifères préhistoriques retrouvés.

▼ *Restes d'un mammouth laineux conservés dans le sol gelé. En Sibérie, les paléontologues ont découvert non seulement des os de mammouths, mais aussi de la peau, des poils et d'autres parties du corps*

Les mammifères et leurs petits

- Les mammifères développèrent une façon de **se reproduire** très différente de celle des reptiles et des oiseaux, qui pondent tous des œufs.
- Au contraire, la plupart des mammifères sont vivipares, ce qui signifie qu'ils donnent naissance à des **petits vivants**.

◄ *Comme cet agneau, tous les petits mammifères se nourrissent du lait de leur mère, qui constitue une source de nutriments très riche, et leur permet de grandir rapidement.*

- Cependant, les monotrèmes constituent un **groupe singulier** de mammifères, pondent des œufs. Cinq monotrèmes sont parvenus jusqu'à nous : l'ornithorynque et quatre espèces d'échidnés.
- Après **la naissance** de leurs petits, les femelles mammifères les nourrissent avec le lait qui est produit par leurs glandes mammaires.
- Le mot **« mammifère »** fait d'ailleurs référence aux mamelles, les organes des femelles qui sécrètent le lait.
- Les **mammifères primitifs**, notamment *Megazostrodon*, *Eozostrodon* et *Morganucodon*, avaient des dents de lait, ce qui suggère que leurs petits étaient allaités.

- Les **dents de lait** sont des dents temporaires, qui percent grâce aux nutriments fournis par le lait maternel, afin de préparer la mâchoire à recevoir les dents définitives.
- Les mammifères sont divisés en **trois groupes** selon la façon dont les femelles portent leurs petits : les placentaires, les marsupiaux et les monotrèmes.
- Chez les **mammifères placentaires**, les petits se développent à l'intérieur du corps de leur mère, dans son utérus, jusqu'à ce qu'ils soient entièrement formés, puis ils naissent.
- Les **mammifères marsupiaux** donnent naissance à leur progéniture à un stade beaucoup plus précoce. Leurs petits sont minuscules et ne sont pas encore complètement formés. Ils terminent leur croissance dans la poche abdominale de leur mère, appelée « marsupium ».

▶ *Les mammifères marsupiaux, comme ce kangourou, mettent bas beaucoup plus tôt que les autres mammifères.*

Les premiers mammifères

- ***Megazostrodon*** fut l'un des premiers mammifères. Il aurait vu le jour à l'aube du Jurassique inférieur, il y a environ 200 Ma.
- Cet **insectivore** (mangeur d'insectes) rappelant une musaraigne mesurait environ 12 cm de long. Il tenait son corps allongé près du sol, à cause de ses longs membres toujours fléchis sur les côtés.
- ***Eozostrodon*** était un autre mammifère archaïque, qui apparut en même temps que *Megazostrodon*.
- Il possédait de vraies **dents de mammifères**, notamment des molaires et prémolaires, qui n'étaient remplacées qu'une seule fois au cours de sa vie.
- Ses dents pointues suggèrent qu'il était **carnivore**, et ses grands yeux laissent à penser qu'il chassait la nuit.
- ***Morganucodon*** était également un mammifère primitif. Lui aussi doté de prémolaires et de molaires, il mâchait sa nourriture avec un mouvement circulaire, plutôt que de haut en bas comme le font les reptiles.
- ***Sinoconodon*** vécut au Jurassique inférieur, il y a environ 190 Ma. C'était aussi un mammifère archaïque, probablement recouvert de fourrure.

- Ces mammifères primitifs disposaient d'une oreille moyenne abritant **trois osselets**, ce qui les dotait d'une ouïe plus développée que celle des reptiles.
- Ils avaient également des **moustaches**, suggèrant qu'ils possédaient une fourrure, et qu'ils étaient donc des animaux à sang chaud.
- Tous les mammifères vrais sont des animaux à **sang chaud**. Cela signifie qu'ils maintiennent une température corporelle constante. La fourrure leur permet de se tenir chaud quand il fait froid, notamment la nuit.

▲ *À l'instar d'autres petits mammifères archaïques,* Megazostrodon *était probablement un animal nocturne.*

Les marsupiaux

Les marsupiaux sont des mammifères qui donnent naissance à leurs petits à un stade **extrêmement précoce** de leur développement, alors qu'ils sont encore minuscules.

▲ Procoptodon *était un kangourou géant d'environ 2 m de haut. En Australie, les marsupiaux herbivores, comme les kangourous et les wallabies, ont investi la niche écologique occupée par les ongulés (mammifères à sabots) dans les autres régions du monde.*

- Juste après sa naissance, le petit marsupial se fraye **un passage à travers la fourrure** de sa mère jusqu'à sa poche abdominale, le marsupium. C'est à l'intérieur qu'il vivra et sera allaité, jusqu'à être assez grand pour la quitter.
- Les paléontologues pensent que les marsupiaux ont commencé à évoluer en **Asie**, avant de conquérir les deux continents américains et l'Australie.
- Apparu vers -70 Ma, un marsupial primitif, ***Alphadon***, qui signifie « première dent », vivait en Amérique du Nord.
- *Alphadon* mesurait **30 cm** de long et pesait jusqu'à **300 g**. On pense qu'il vivait dans les arbres et se nourrissait d'insectes, de fruits et de petits vertébrés.
- Il y a 40 Ma environ, lorsque l'Australie se retrouva isolée des **autres continents**, les marsupiaux y poursuivirent leur évolution.
- Cependant, les marsupiaux continuèrent d'être présents en **Amérique du Sud**, également isolée pendant la majeure partie des 66 derniers millions d'années (Paléogène et Néogène).
- Lorsque l'Amérique du Sud se reconnecta à l'Amérique du Nord, il y a quelque 4 Ma, l'arrivée des **mammifères placentaires** venus du Nord entraîna l'extinction de nombreux marsupiaux.
- Aujourd'hui, seuls **deux groupes de marsupiaux** subsistent sur l'ensemble des Amériques : les opossums et les opossums-souris.
- L'Australie est désormais le refuge de la **majorité des marsupiaux** actuels, des kangourous aux koalas. Toutefois, sa population marsupiale était beaucoup plus abondante au Paléogène et au Néogène, ainsi qu'en témoignent les sites fossilifères, notamment celui de Riversleigh, au nord-ouest du Queensland.

Les mammifères australiens

- De par son isolement du reste du monde, il y a quelque 40 Ma, l'Australie possède une **histoire naturelle unique**.
- Qu'ils soient **vivants ou éteints**, la plupart des mammifères natifs d'Australie sont des marsupiaux.
- Les **premiers marsupiaux australiens** ont émergé à l'Oligocène (-34 à -23 Ma). De nombreux fossiles proviennent aussi du Miocène (-23 à -5 Ma), ou d'époques plus tardives.
- Ces fossiles attestent l'existence de **kangourous géants** du genre *Procoptodon*, ainsi que de cousins des wombats pareillement géants du genre *Diprotodon*.
- **Deux carnivores marsupiaux** chassaient ces herbivores gigantesques. L'un d'eux, surnommé « lion marsupial », s'appelait *Thylacoleo*. De taille inférieure, l'autre, *Thylacinus*, évoquait un loup.
- Les paléontologues s'intéressent beaucoup à *Thylacoleo* et à *Thylacinus*, car ils illustrent la façon dont différentes espèces peuvent prendre un aspect très semblable, par un processus connu sous le nom de **« convergence évolutive »**.
- Bien qu'ils aient vécu sur des continents différents et ne partagent **pas les mêmes ancêtres**, *Thylacoleo* finit par ressembler à un lion placentaire, tandis que *Thylacinus* évolua jusqu'à ressembler à un loup placentaire.

- Daté du Miocène, le gisement fossilifère de Riversleigh, au nord du Queensland, a révélé l'ampleur de la présence et la **variété des marsupiaux** préhistoriques en Australie.
- Parmi ces fossiles, on compte de nombreux marsupiaux disparus depuis longtemps. L'un d'eux était si insolite que les paléontologues le surnommèrent **« chosodonte »**, avant de lui attribuer officiellement le nom d'*Akaparidon*.
- *Thylacinus* existait encore au XXe siècle en Australie. Il était connu sous le nom de **« thylacine »**. Le dernier représentant de l'espèce mourut dans un zoo de Tasmanie en 1936.

▲ *Avec ses 3 m de long et ses 2 m de hauteur au garrot,* Diprotodon *fut probablement le plus grand marsupial de tous les temps.*

Les mammifères sud-américains

- Avant de se relier à l'Amérique du Nord, il y a environ 3 à 4 Ma, l'Amérique du Sud resta **isolée du reste du monde** pendant plus ou moins 50 Ma.
- Comme pour l'Australie, l'isolement de l'Amérique du Sud a eu pour conséquence l'apparition de **certains mammifères** qui n'existaient nulle part ailleurs.
- Mais l'Amérique du Sud se distinguait de l'Australie par le fait qu'elle abritait aussi des **mammifères placentaires**, en plus des mammifères marsupiaux.
- Les paresseux terrestres géants comme ***Megatherium***, ainsi que d'énormes rongeurs de la taille d'un ours, comptaient parmi ces mammifères placentaires.
- Quant aux **carnivores marsupiaux** tels que *Thylacosmilus*, ils étaient membres de l'autre groupe de mammifères.
- Comme l'Australie, l'Amérique du Sud fut le théâtre d'une **convergence évolutive**, ce phénomène qui conduit deux espèces différentes à se ressembler. *Thoatherium*, par exemple, avait beaucoup en commun avec les petits chevaux qui évoluaient ailleurs dans le monde

Le sais-tu ?

Un autre exemple de convergence évolutive fut Pyrotherium, qui avait un tronc, des molaires et des défenses pareils à ceux d'un éléphant primitif, mais n'en était pas un.

- Il y a environ 3 Ma, la formation de l'**isthme de Panama**, une bande de terre, permit de réunir l'Amérique du Sud et l'Amérique du Nord.

- De nombreux mammifères d'Amérique du Sud remontèrent en **direction du nord**. Certains, comme les tatous, les porcs-épics et les cobayes, s'établirent avec succès sur leur nouvelle terre d'accueil.

- D'autres, tels que les **glyptodontes**, finirent par disparaître, peut-être à cause d'un changement climatique, ou parce que les humains les chassèrent jusqu'à l'extinction.

e mammifère ulé sud-américain rauchenia *broutait fféremment de be ou des feuilles, e à sa courte ipe. Il vécut oximativement e -6 Ma et 000 ans.*

Les créodontes

- Les créodontes incarnèrent les premiers **grands mammifères carnivores**. Ils émergèrent au Paléocène, entre -66 et -56 Ma, puis déclinèrent au Miocène vers -9 Ma.
- Ces mammifères avaient toutes sortes de **formes et de tailles**. Certains étaient aussi petits qu'une belette, tandis que d'autres étaient plus gros qu'un ours.
- Beaucoup de créodontes se déplaçaient sur **des membres courts**, dont les pattes, portant à plat sur le sol, étaient parachevées de griffes.

- Ils se nourrissaient d'**herbivores** qui, comme eux, n'avaient pas encore évolué en coureurs rapides.

Le sais-tu ?

Les différentes espèces de Hyaenodon mesuraient de 30 cm à 1,20 m au garrot, soit la taille d'un petit rhinocéros pour les plus grands.

- Les créodontes possédaient des **cerveaux plus petits** et plus primitifs que ceux des carnivores apparus ultérieurement. Ces derniers, plus intelligents et plus rapides, forcèrent le déclin des créodontes.
- Leur **denture** moins efficace pour transpercer et découper la chair joua en leur défaveur, face à ces nouveaux carnivores plus évolués.

- Les créodontes étaient toutefois les prédateurs les plus **redoutables** de leur temps. De la taille d'un loup, *Hyaenodon* était particulièrement performant.
- Les fossiles de crânes de ***Hyaenodon*** montrent que l'animal avait l'**odorat très développé**, ainsi que des mâchoires puissantes capables de broyer des os.
- Les dents fossilisées de certains *Hyaenodon* mâles révèlent des marques d'**usure inhabituelles**. Les paléontologues pensent qu'il grinçait des dents pour intimider ses rivaux, comme le font certains animaux modernes.

▼ Sinopa *était un créodonte, un carnivore primitif. Il était probablement un peu plus gros qu'un chat domestique.*

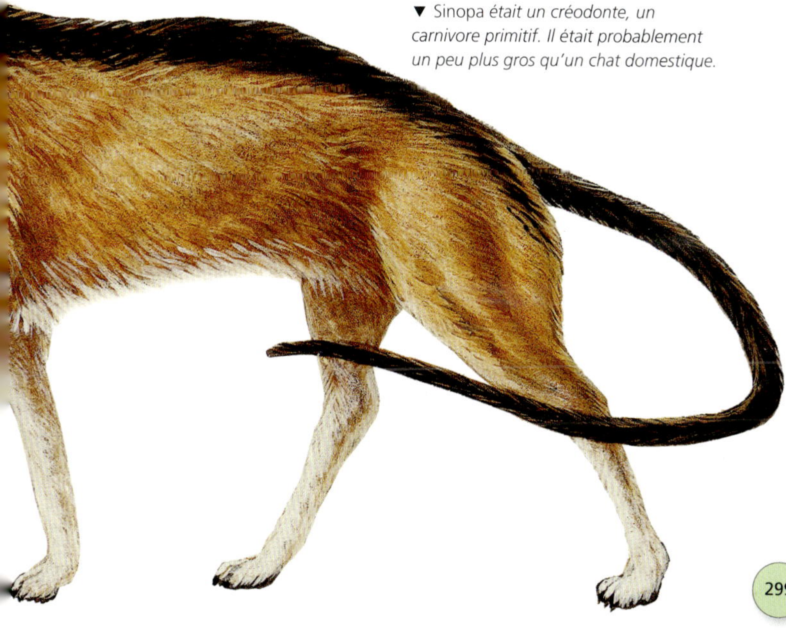

Les carnivores

- Les premiers mammifères carnivores étaient les **créodontes**. D'apparence féline, *Oxyaena* était le plus petit, tandis que le plus grand était *Mesonyx*, qui ressemblait beaucoup à un loup.
- Pendant l'Éocène supérieur, il y a environ 40 Ma, de grands carnivores vraisemblablement ongulés comme ***Andrewsarchus*** firent leur apparition.
- Les carnivores modernes descendent d'un groupe distinct, les **miacidés**.
- Les carnivores modernes appartiennent à l'ordre des ***Carnivora***. Cet ordre compte deux sous-groupes. D'une part les féliformes, comprenant les félidés, et d'autre part les caniformes, incluant la famille des canidés, mais aussi celle des pinnipèdes, qui réunit les phoques, les otaries et les morses.
- Durant l'**Oligocène** (-34 à -23 Ma), les carnivores commencèrent à remplacer les créodontes en tant que prédateurs dominants.
- Ces carnivores étaient **plus intelligents et plus rapides** que les créodontes, et leurs attaques plus meurtrières. Ils étaient les seuls prédateurs capables de courir aussi vite que les nouveaux herbivores.

- L'Oligocène fut marqué par l'émergence de **mammifères plus rapides**, tandis que les forêts denses s'éclaircissaient, offrant suffisamment d'espace pour permettre les courses-poursuites entre proies et prédateurs.

Le sais-tu ?

Allodesmus était une sorte de phoque préhistorique. Muni de nageoires et de grands yeux, il crochetait les poissons glissants à l'aide de ses dents pointues.

- L'**évolution** des carnivores se traduisit par des cerveaux plus gros, des sens plus développés, des griffes et des dents plus acérées, ainsi que des membres et des mâchoires plus robustes.

- Les **pinnipèdes** sont des mammifères carnivores qui, comme les baleines, les dauphins et les reptiles avant eux, ont reconquis les océans.

▲ Dinictis *était un carnivore féliforme (membre de la famille des félidés), qui vécut en Amérique du Nord il y a environ 30 Ma. Il était parfaitement adapté à la chasse aux mammifères les plus rapides.*

Les félidés

- Les carnivores les plus évolués sont les **félidés**. Ce sont les chasseurs les plus rapides, les plus agiles, et ceux dont les griffes et les dents sont les plus robustes.
- Les félidés ont évolué en **plusieurs groupes distincts,** dont l'un rassemblait les différentes espèces de félins à dents de sabre, et comprenait notamment *Smilodon*. Ce groupe est aujourd'hui éteint.
- Les **félins à dents de sabre** étaient probablement spécialisés dans la chasse aux gros animaux lourds et à la peau épaisse, ce qui explique leurs longues canines.
- Un autre groupe de félidés réunit les **ancêtres** de tous les félins modernes, des lions aux guépards en passant par les chats.
- Ces félins étaient **plus rapides et plus agiles** que les félins à dents de sabres. D'ailleurs, ces derniers se sont peut-être éteints parce que leurs proies étaient devenues trop vives pour eux. Les autres félins restaient néanmoins des prédateurs redoutables pour ces proies lestes.
- De la taille d'un puma, ***Dinictis*** était un félin préhistorique qui vécut pendant l'Oligocène (-34 à -23 Ma).
- Les félins apparus plus tard étaient représentés par différentes espèces de ***Dinofelis***. Elles peuplèrent l'Amérique du Nord, l'Europe, l'Afrique et l'Asie, entre -5 et -1,3 Ma.
- *Dinofelis* signifie **« terrible chat »**. L'animal ressemblait à un jaguar moderne, mais ses membres antérieurs étaient plus puissants. Il les utilisait pour maintenir ses victimes au sol, afin de les transpercer avec ses dents.
- Le **régime alimentaire** de *Dinofelis* se composait de babouins, d'antilopes et peut-être d'australopithécinés, les ancêtres de l'homme.

▼ Le lion des cavernes était un prédateur des périodes glaciaires, qui s'attaquait aux cerfs, aux jeunes mammouths et aux rhinocéros, mais aussi aux rennes et aux jeunes ours. Il était étroitement apparenté au lion moderne, mais beaucoup plus grand, mesurant jusqu'à 1,50 m au garrot. On pense qu'il a pu survivre dans le Sud de l'Europe jusqu'à -10 000 ans environ.

Le sais-tu ?

La faculté des félins préhistoriques à rétracter et à sortir leurs griffes constituait l'une de leurs armes les plus fatales, dont les félins actuels disposent encore.

Les canidés

- Les **premiers canidés** chassaient probablement en meute, de la même façon que la plupart des canidés sauvages d'aujourd'hui.
- Les canidés ont développé un long museau, qui leur confère un **odorat particulièrement aiguisé**, et des yeux côte à côte à l'avant de la face, pour une vue meilleure.
- L'évolution a également doté les canidés de **diverses sortes de dents** : des incisives pour couper et rogner, des canines acérées pour attraper et déchiqueter, des prémolaires étroites pour trancher et, au fond de la mâchoire, des molaires plus plates pour broyer.
- Ces différentes dents indiquent que les canidés pouvaient manger **des aliments très variés**, y compris des plantes, dont ils se nourrissaient peut-être quand il y avait pénurie de proies.
- L'un des ancêtres des chiens et des ours était le chien-ours ***Amphicyon***, dont le nom signifie « deux chiens ».
- *Amphicyon* vécut approximativement entre **-18 et -8 Ma**.
- Les empreintes fossiles d'*Amphicyon* montrent qu'il marchait comme un **ours**, les pattes à plat sur le sol.
- ***Hesperocyon*** était un canidé primitif, qui vécut entre -40 et -30 Ma.
- D'un gabarit comparable à celui d'un **petit renard,** *Hesperocyon* avait un corps souple et élancé, juché sur de longs membres. Ses mâchoires étaient allongées et ses yeux côte à côte sur la face.

Le sais-tu ?

Chasser en meute permettait à Hesperocyon de poursuivre de gros animaux, qu'il n'aurait pas été capable de capturer seul.

▲ *Ces membres d'un clan de canidés* Hesperocyon *flairent la piste de leur proie. La chasse organisée en meute illustre l'intelligence des canidés.*

Les herbivores

- Les premiers **mammifères herbivores spécialisés** sont apparus au cours du Paléocène, il y a environ 60 Ma.
- Ils étaient de **corpulence variable**. Les plus petits avaient la taille d'un blaireau moderne, et les plus gros celle d'un cochon.
- Ces herbivores primitifs broutaient ou se nourrissaient de **racines**.

- Ce n'est que vers la fin du **Paléocène** (-56 Ma) que les premiers grands mammifères herbivores ont émergé.
- Apparus antérieurement, les grands herbivores menaient probablement une vie paisible avant l'arrivée des **grands mammifères carnivores**.
- ***Uintatherium*** fut l'un de ces grands herbivores primitifs. De la taille d'un gros rhinocéros, il était doté de membres épais pour soutenir son corps lourd et massif.
- *Uintatherium* arborait sur la tête **trois paires de protubérances osseuses** semblables à des cornes. Les mâles avaient de très longues et puissantes canines, qu'ils utilisaient peut-être pour se défendre des attaques des créodontes.
- L'expansion des prairies et le déclin des forêts au Miocène (-23 à -5 Ma) ont accéléré l'**évolution de la morphologie** des herbivores.
- Les herbivores ont développé des membres **plus aptes à la vitesse**, afin de distancer les carnivores dans les espaces ouverts. Leur système digestif s'est également modifié, pour accepter de nouveaux végétaux plus coriaces.
- Les caractéristiques essentielles des herbivores sont leurs **dents et leur système digestif complexes**, qui doivent leur permettre de décomposer les végétaux et d'en libérer l'énergie.

◄ Uintatherium *faisait partie d'un groupe d'animaux comparables, tous dotés d'un corps massif, de membres semblables à des piliers et d'un crâne allongé surmonté d'excroissances osseuses. Toute la famille des uintatheriidés s'est éteinte il y a 35 Ma, sans doute victime de la compétition d'herbivores plus évolués.*

Les rongeurs

- En termes de population, de diversité et de distribution géographique, les rongeurs sont des mammifères au **succès sans égal**.
- Les écureuils, les rats, les cobayes, les castors, les porcs-épics, les campagnols, les gaufres et les souris représentent tous des **espèces de rongeurs**.

▲ Platypittamys *était un rongeur préhistorique semblable à un rat. Les rongeurs ont commencé à proliférer au cours de l'Oligocène (-34 à -23 Ma).*

- Les rongeurs ont connu et connaissent encore une **prospérité** jamais démentie, parce qu'ils sont petits, se reproduisent vite et sont capables de digérer toutes sortes d'aliments, y compris des matières dures comme le bois.
- Premier rongeur connu, ***Paramys*** vit le jour il y a un peu moins de 50 Ma.
- Capable de grimper aux arbres, *Paramys* rappelait les **écureuils actuels**. Il mesurait 60 cm de long, et avait peut-être une longue queue touffue.
- Apparus il y a approximativement 40 Ma, les écureuils modernes semblent avoir à ce jour l'une des plus **longues lignées d'ancêtres** de tous les groupes d'animaux existants.
- ***Epigaulus*** était un autre rongeur archaïque, une sorte de gaufre pourvu de deux cornes situées sur le dessus de la tête, jointes à leur base et orientées vers le haut.
- *Epigaulus* vécut en Amérique du Nord durant le Miocène (-23 à -5 Ma). Il mesurait **30 cm de long**, et utilisait probablement ses cornes pour se défendre ou pour déterrer des racines.
- Les rongeurs préhistoriques étaient parfois très grands. ***Castoroides*** était un castor primitif de plus de 2 m de long, soit une taille voisine de celle d'un ours noir.

Le sais-tu ?

Les lapins et les lièvres sont les descendants de rongeurs préhistoriques. Les lièvres modernes sont apparus il y a environ 5 Ma.

Les ruminants

- Apparus il y a environ 40 Ma, les ruminants forment un groupe de mammifères herbivores très adaptés à leur **environnement**.
- Les bovins, les moutons, les cerfs, les girafes, les antilopes et les chameaux sont tous des **ruminants modernes**.
- Tous ces animaux mangent rapidement la **matière végétale**, la stockent dans leur estomac, puis la renvoient vers leur bouche pour la mastiquer de nouveau, afin de la décomposer. On dit de ces animaux qu'ils « ruminent ».
- ***Archaeomeryx*** était un ruminant primitif. Il vivait en Asie et ressemblait beaucoup au tragule moderne, un petit mammifère ongulé plus connu sous le nom de « chevrotain ».
- L'estomac d'*Archaeomeryx* aurait comporté **trois chambres**, chacune décomposant un peu plus la matière végétale.
- Les ruminants apparus par la suite furent les chameaux. *Aepycamelus* était une sorte de **grand dromadaire préhistorique**, doté d'un très long cou voisin de celui d'une girafe.
- Vinrent ensuite les bovins, les moutons et les cerfs, tous des **ruminants plus évolués**, dont l'estomac comptait quatre chambres.
- Comparés aux autres herbivores, les ruminants avaient l'avantage de pouvoir **choisir à quel moment digérer** leur nourriture. S'ils sentaient une menace pendant qu'ils mangeaient, ils pouvaient s'enfuir et digérer leur repas plus tard.
- Les chameaux et les tragules sont les **seuls ruminants** dotés d'un estomac à trois chambres ayant subsisté jusqu'à nos jours.

▲ *Comme d'autres ruminants, ces dromadaires utilisent leur urée – une susbtance produite par la dégradation de protéines et éliminée dans les urines – pour nourrir les bactéries présentes dans les différentes chambres de leur estomac, afin de décomposer la matière végétale. Moins d'urée à éliminer signifie moins d'urine à produire, et donc moins de perte d'eau. C'est pourquoi ces animaux supportent les conditions désertiques.*

Les condylarthres

- Les condylarthres figuraient parmi les **premiers mammifères ongulés**.
- Ils vécurent pendant le **Paléogène**, entre -66 et -23 Ma, une période au tout début de laquelle ils multiplièrent par dix le nombre de leurs espèces.
- Tous les mammifères ongulés apparus plus tard, des chevaux aux porcs, **descendent probablement** des condylarthres ou d'animaux semblables.
- Les **plus anciens condylarthres** étaient dotés de griffes au lieu de sabots.
- Ceux qui firent leur apparition par la suite possédaient des membres plus longs terminés par des ongles ou des sabots, pour leur permettre d'**échapper rapidement** aux prédateurs.
- Le premier condylarthre identifié fut ***Protungulatum***. Cet herbivore de la taille d'un lapin aurait vécut à la charnière du Crétacé et du Paléogène vers -65 Ma.

- Un condylarthre plus tardif fut ***Phenacodus***. Les paléontologues pensent qu'il était insectivore et composait ses repas de petits invertébrés.
- Les condylarthres se sont **rapidement diversifiés** et ont prospéré sur une grande partie de la planète, notamment en Europe, en Asie, en Amérique du Sud et en Afrique.

Le sais-tu ?

Les condylarthres primitifs avaient tous la taille d'un lapin, mais ceux qui émergèrent plus tard étaient aussi gros que des ours.

▲ Hyopsodus *était un condylarthre pourvu de griffes à la place de sabots. Il colonisait l'Amérique du Nord à l'Éocène inférieur (-56 à -34 Ma), et vivait peut-être dans des terriers.*

Les périssodactyles

- Les périssodactyles étaient des herbivores ongulés aux pattes dotées d'un **nombre impair de doigts**, soit trois, soit un seul.
- Les **trois groupes actuels** de périssodactyles sont les chevaux, les tapirs et les rhinocéros.
- Il existe deux groupes de périssodactyles disparus : les **brontothères** et les **chalicothères**.

▼ *Une branche de la famille des rhinocéros donna naissance à des animaux massifs. Ils parcouraient l'Asie et broutaient des feuilles à la cime des arbres. Le plus gigantesque d'entre eux,* Paraceratherium, *fut le plus grand mammifère terrestre de tous les temps.*

> **Le sais-tu ?**
> Chalicotheres possédait de longs membres antérieurs et de longues griffes incurvées, qu'il ne pouvait pas poser à plat sur le sol. Il marchait donc sur ses phalanges repliées, comme certains singes.

- Les brontothères comptaient des bêtes massives comme ***Brontotherium***, muni de membres semblables à ceux d'un éléphant, et d'excroissances osseuses en forme de cornes arrondies à l'extrémité du museau. *Brontotherium* se nourrissait uniquement de végétaux tendres.

- ***Chalicotherium*** était un chalicothère. Dépourvu de dents de devant, il mangeait en mâchant les pousses végétales à l'arrière de sa bouche, à l'instar des pandas modernes.

- Les plus **lointains ancêtres** des chevaux modernes, des tapirs et des rhinocéros ont vu le jour il y a plus de 50 Ma, probablement quand le Paléocène fit place à l'Éocène, vers -56 Ma.

- ***Miotapirus*** était une espèce primitive de tapir, résidente d'Amérique du Nord, il y a environ 20 Ma. De dimensions voisines de celles des tapirs modernes, il atteignait 1,50 à 2 m de long.

- Les **pattes des périssodactyles** faisaient peser le poids de l'animal sur le doigt central, qui pouvait être un sabot unique, comme chez les chevaux, ou un gros doigt entouré d'un plus petit de chaque côté, comme chez les tapirs et les rhinocéros.

- Pendant une grande partie du Paléogène (-66 à -23 Ma), les périssodactyles ont représenté la forme la **plus répandue de mammifères à sabots**. Par la suite cependant, leur nombre déclina et ils furent supplantés par les artiodactyles, des mammifères ongulés au nombre de doigts pair.

Les artiodactyles

- Les artiodactyles sont des ongulés dotés d'un nombre de **doigts pair** à chaque patte (deux ou quatre).
- Les porcs, les chameaux, les girafes, les ovins, les caprins, les bovins, les hippopotames, les cerfs, les antilopes et leurs ancêtres sont tous des **artiodactyles**.
- Comme les périssodactyles, les artiodactyles ont émergé approximativement entre **-55 et -50 Ma**.
- ***Dichobune*** était un artiodactyle primitif, qui vécut entre -37 et -28 Ma. Il possédait des membres courts et des pattes à quatre doigts.
- Chez les petits artiodactyles comme les moutons et les chèvres, la patte est souvent divisée en deux parties **(deux doigts)**.
- En revanche, les gros artiodactyles très lourds, comme les hippopotames, sont généralement équipés de **quatre doigts**, afin de supporter leur poids.
- Les troisième et quatrième doigts des artiodactyles soutiennent une **part égale du poids** de l'animal.
- Au cours du Miocène (-23 à -5 Ma), les artiodactyles devinrent les **ongulés dominants**.
- Les artiodactyles développèrent des **systèmes digestifs** plus évolués, leur permettant de digérer les végétaux coriaces qui avaient remplacé les plantes forestières primitives plus tendres.
- Les artiodactyles et les périssodactyles se distinguent aussi par leur cheville, dont l'un des principaux os de l'articulation revêt la forme d'une **double poulie**.Cette articulation permet une poussée plus vigoureuse quand l'animal court.

▲ *Cette vache et son veau appartiennent au groupe des artiodactyles, les ongulés ayant évolué avec le plus de succès. Il existe actuellement environ 220 espèces d'artiodactyles.*

Les entélodontes

- Les entélodontes étaient de **grands mammifères** semblables à des porcs. Ils vécurent en Asie et en Amérique du Nord au cours de l'Éocène et du Miocène (-56 à -5 Ma).
- ***Daeodon*** est parfois surnommé **« cochon terminator »** ou **« cochon de l'enfer »**, à cause de son apparence redoutable.

▲ *Anciennement connu sous le nom de* Dinohyus, *le terrifiant* Daeodon *était peut-être un charognard, comme les hyènes modernes. Les puissants muscles de son cou et ses énormes canines suggèrent qu'il pouvait probablement déchiqueter les chairs et broyer les os.*

- *Daeodon* était l'un des **plus gros entélodontes**. Il avoisinait **2 m** de hauteur au garrot, et son crâne atteignait quasiment 1 m de long.
- *Daeodon* était possiblement **omnivore**, se nourrissant aussi bien de végétaux, en particulier de leurs racines et de leurs tubercules, que de charognes.
- *Daeodon* avait des **dents très caractéristiques**. Ses incisives étaient émoussées, mais les canines de chaque côté étaient grandes et robustes, et lui servaient peut-être à se défendre.
- ***Entelodon*** était un autre entélodonte, probablement charognard. Les plus gros représentants de l'espèce étaient à peu près de la même taille que *Daeodon*.
- Des traces de graves blessures ont été décelées sur certains crânes fossilisés d'*Entelodon*, par exemple une entaille de 2 cm de profondeur dans l'os situé entre ses yeux. Les paléontologues pensent que ces lésions ont été causées par des **combats entre rivaux**.
- *Entelodon* signifie **« dents parfaites »**. Les dents de ce mammifère étaient en effet protégées par une épaisse couche d'émail.
- Cependant, de nombreux restes fossiles d'*Entelodon* révèlent des dents cassées, le résultat d'une **alimentation variée et coriace** pour ce charognard.

Le sais-tu ?

La face d'Entelodon présentait des protubérances osseuses un peu comme celles des phacochères actuels. Elles servaient peut-être à protéger ses yeux et son museau lors d'affrontements avec des rivaux.

Les chauves-souris

- ***Icaronycteris*** est l'une des plus anciennes chauves-souris connues. Ses fossiles datent d'environ -52 Ma, soit du début de l'Éocène.
- Malgré son âge, *Icaronycteris* ressemblait beaucoup à une chauve-souris moderne. Elle était dotée de **grandes oreilles** caractéristiques de certaines espèces, qu'elle utilisait probablement comme sonar, à l'instar de ses cousines actuelles.
- *Icaronycteris* se distingue cependant des chauves-souris modernes par sa queue, qu'**aucune membrane de peau** ne reliait à ses membres.
- Les paléontologues supposent qu'il existait des chauves-souris encore **plus primitives**, à partir desquelles *Icaronycteris* aurait évolué.
- Les chances de découvrir des fossiles préhistoriques de chauves-souris primitives sont très faibles. Comme les oiseaux, elles possèdent des **squelettes fragiles**, peu susceptibles de se fossiliser.

Le sais-tu ?

Les chauves-souris font partie des rares mammifères à avoir rejoint l'Australie, après qu'elle se soit isolée du reste du monde, il y a environ 40 Ma.

▶ *Les premières chauves-souris appartiennent au groupe des microchiroptères. De faible taille et insectivores, ce sont les chauves-souris les plus répandues de nos jours. Elles se caractérisent par leurs grandes oreilles et leur grand nez, nécessaires à l'écholocation (ou écholocalisation) des insectes qu'elles mangent.*

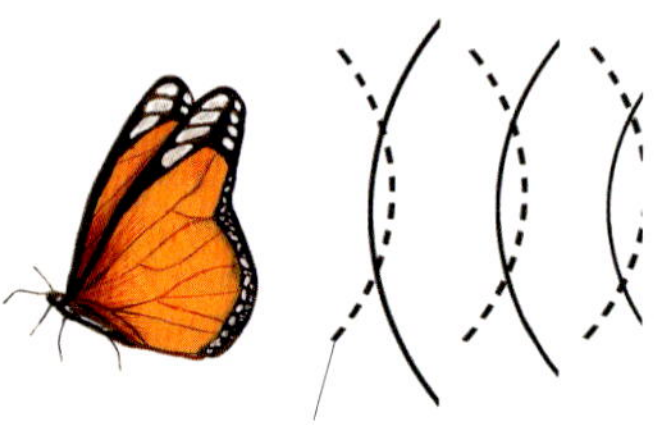

L'écho est renvoyé par le papillon.

- *Icaronycteris* se nourrissait **d'insectes**. Les paléontologues le savent, parce qu'ils en ont trouvé des restes à l'intérieur de certains fossiles, dans la partie où devait se situer l'estomac.
- On a découvert des fossiles d'*Icaronycteris* en **Amérique du Nord et en Europe**.
  - Les restes fossiles d'une autre chauve-souris préhistorique, ***Palaeochiropteryx***, ont été mis au jour en Europe.
    - On pense que cette chauve-souris était **insectivore**, comme *Icaronycteris*.

La chauve-souris émet des ondes sonores.

L'évolution des éléphants

- Les éléphants et leurs ancêtres composent l'ordre des **proboscidiens**. Ce mot vient du grec ***proboskis*** qui signifie « trompe ». C'est donc par ce terme que l'on désigne le groupe des éléphants.
- Les premiers éléphants sont apparus il y a environ 40 Ma. **Dépourvus de trompe**, ils avaient plutôt l'allure de porcs.

▼ Phiomia *possédait une trompe bien formée, ainsi que deux paires de défenses, la première à la mâchoire supérieure, qui pointait hors de la bouche vers le bas, et la seconde à la mâchoire inférieure.*

Le sais-tu ?

Les mammouths étaient des éléphants géants. Le mammouth des steppes mesurait jusqu'à 4 m de hauteur au garrot et pesait une dizaine de tonnes en moyenne.

- Selon certains scientifiques, ***Moeritherium*** serait l'un des premiers représentants du groupe des éléphants. Son nom dérive de celui du lac Moeris en Égypte, où ses restes ont été découverts par des chasseurs de fossiles.
- Le paléontologue américain Henry Fairfield Osborn (1857-1935) décrivit *Moeritherium* comme le **« chaînon manquant »** entre les éléphants et les autres mammifères.
- *Moeritherium* mesurait moins de **3 m de long** et pesait autour de **200 kg**. Il vécut il y a environ 37 Ma, et passait probablement une grande partie de son temps immergé dans les rivières ou les lacs peu profonds, comme les hippopotames.
  - L'existence de ***Phiomia***, il y a environ 35 Ma, marqua une autre étape de l'évolution des éléphants.

    - *Phiomia* avait une hauteur au garrot d'à peine **2,50 m**. Ses fossiles proviennent d'Afrique du Nord. D'autres restes trouvés à proximité montrent qu'il habitait les zones marécageuses.
    - Appartenant également au groupe des éléphants, les **deinothères** étaient munis, sur la mâchoire inférieure, d'une paire de défenses énormes, recourbées vers le bas.
- Apparus au cours du Pliocène (-5 à -2,5 Ma), les autres sous-groupes de proboscidiens étaient les **éléphants vrais**, qui ressemblaient aux éléphants actuels, et les mammouths.

Le mammouth laineux

- Les mammouths laineux, de leur nom scientifique ***Mammuthus primigenius***, vécurent entre -120 000 et -4 000 ans.
- Ils peuplaient les steppes de Russie et d'Asie, ainsi que les plaines d'Amérique du Nord, au cours des **âges glaciaires du Quaternaire** (-2,5 Ma à nos jours).
- Pour survivre aux températures extrêmes, les mammouths laineux développèrent des attributs pour **s'isoler du froid**.
- Leur fourrure notamment se constituait de **deux couches de poils**. Une couche extérieure de longs poils grossiers (ou jarres), qui pouvaient atteindre 1 m de long, recouvrait ainsi une couche de duvet dense (ou poils de bourre), épaisse de 5 à 15 cm.
- Les mammouths laineux avaient également une **peau très résistante** d'environ 2,5 cm d'épaisseur, protégeant une abondante couche de graisse.
- Certains mammouths laineux mâles atteignaient **3,50 m de long**, **3 m de hauteur au garrot**, et pesaient jusqu'à **6 tonnes**.
- Ils arboraient de **longues défenses recourbées**, qui s'enroulaient parfois sur elles-mêmes. Ils les utilisaient pour se défendre contre leurs ennemis, et probablement pour dégager la neige et la glace qui recouvraient certains végétaux.

Le sais-tu ?

Beaucoup pensent que les mammouths laineux avaient le pelage roux. En réalité, cette couleur est due à une réaction chimique qui se produit après la mort de l'animal.

- Certaines **peintures rupestres** réalisées par les humains durant la période glaciaire représentent des mammouths laineux.
- En Sibérie, de nombreux restes de mammouth laineux en **excellent état de conservation** ont été extraits du sol gelé.

▼ *Avec d'énormes défenses et de petites oreilles, les mammouths laineux étaient enveloppés d'une fourrure épaisse et touffue qui les gardait au chaud.*

Les rhinocéros

- Les **rhinocéros préhistoriques** étaient un groupe de mammifères très important, qui apparut pendant le Paléogène (-66 à -23 Ma) et vécut jusqu Néogène (-23 à -2,5 Ma).
- ***Hyracodon*** était une sorte de rhinocéros, présent en Amérique du Nord au cours de l'Oligocène, il y a environ 30 Ma.
- Malgré ses membres plus élancés, *Hyracodon* n'était **pas plus rapide que s cousins** les rhinocéros vrais. Il atteignait près de **1,50 m de long**.
- Les **amynodontidés** formaient un groupe de rhinocéros préhistoriques, d les paléontologues pensent qu'ils ont évolué à partir d'*Hyracodon*.
- ***Metamynodon*** était un amynodontidé semblable à un rhinocéros. Aussi g qu'un hippopotame, il en partageait peut-être aussi le mode de vie, passar plus clair de son temps immergé dans les rivières et les lacs peu profonds.
- **Ancêtres des rhinocéros modernes**, les rhinocéros vrais étaient probabl les descendants d'espèces plus primitives comme *Hyracodon*.
- L'un des premiers rhinocéros vrais fut ***Trigonias***, qui vécut il y a environ 3 à la fin de l'Oligocène. Il possédait quatre doigts bien développés aux patte antérieures, mais seulement trois aux pattes postérieures.
- ***Caenopus***, un autre rhinocéros vrai, était doté de trois doigts à chacune de pattes. C'est sur ce modèle qu'évoluèrent tous les rhinocéros apparus par l suite.
- Bien que son existence soit controversée, la **plus grande corne de rhinocéro** tous les temps pourrait avoir été celle d'*Elasmotherium*. Certains estiment qu'e atteignait 2 m de long.
- Les rhinocéros d'Amérique du Nord s'éteignirent entre -5 et -2 Ma, et les rhinocéros européens un peu plus tard. Mais les autres ont survécu jusqu' nos jours en Asie et en Afrique, bien qu'ils soient **menacés d'extinction**.

◄ *Exterminés pour leur corne, à laquelle certains prêtent des vertus médicinales, tous les rhinocéros du monde sont en grave danger d'extinction.*

Megacerops

- ***Megacerops*** était un grand herbivore, autrefois connu sous le nom de *Brontotherium*, ce qui signifie **« bête-tonnerre »**.
- Il peuplait l'**Amérique du Nord** approximativement entre -40 et -35 Ma. Avec une hauteur au garrot de **2,50 m**, *Megacerops* situait son gabarit entre celui d'un éléphant et celui d'un rhinocéros.
- Il appartenait au groupe des **périssodactyles**, des mammifères dotés de sabots et d'un nombre de doigts impair.
- *Megacerops* avait des membres trapus et des pattes larges, munies de **quatre doigts à l'avant et de trois à l'arrière**.
- Au bout du museau, *Megacerops* avait une **épaisse corne** en forme de Y.

- Les paléontologues pensent que *Megacerops* utilisait sa corne pour **éloigner les prédateurs** et combattre des congénères rivaux.
- *Megacerops* vivait **en troupeaux** dans les plaines herbeuses et les forêts.
- Il possédait de **grosses molaires**, adaptées au cisaillement des feuilles tendres dont il se nourrissait.

Le sais-tu ?

Megacerops est un cousin éloigné des chevaux, des tapirs et des rhinocéros modernes.

◀ *Les* Megacerops *mâles avaient une corne double plus volumineuse que celle des femelles, ce qui suggère qu'ils l'utilisaient peut-être pour émettre des signaux visuels et pour se battre.*

Les premiers chevaux

- Les chevaux sont parmi les animaux qui ont livré les **meilleurs témoignages fossiles**. Les paléontologues ont pu retracer leur évolution à partir des premiers mammifères qui leur ressemblaient, jusqu'à leurs parents modernes.
- ***Hyracotherium*** était un cheval primitif. Il trouvait refuge dans les forêts d'Europe et d'Amérique du Nord au Paléocène supérieur et à l'Éocène inférieur, entre -58 et -50 Ma.

▲ Hyracotherium *est le plus ancien cheval connu. Au fil du temps, les chevaux sont devenus les animaux à sabots les mieux adaptés à la vie dans les plaines ouvertes.*

- Un autre nom pour désigner *Hyracotherium* était *Eohippus*, ce qui signifie **« cheval de l'aube »**. Mais depuis, *Eohippus* s'est vu attribuer son propre statut, en tant qu'espèce primitive de cheval à part entière.
- *Hyracotherium* avait la taille d'un **petit renard**. Sa tête et son corps totalisaient **60 cm de long**. Il avait un cou bref, une longue queue et des membres élancés. Il possédait également quatre doigts aux pattes antérieures et trois aux pattes postérieures.
- ***Mesohippus*** a fait partie des chevaux qui évoluèrent juste après *Hyracotherium*, entre -40 et -30 Ma. Son nom signifie **« cheval du milieu »**.
- Doté de **membres plus longs** que ceux d'*Hyracotherium*, *Mesohippus* dépensait moins d'énergie et couvrait de plus grandes distances lorsqu'il broutait.
- Il paraissait également mieux équipé pour **mastiquer** les aliments, grâce à ses dents d'une surface plus grande.
- Bénéficier d'une meilleure mastication était important pour les chevaux et les autres herbivores, car lorsque les forêts firent place aux prairies, les végétaux devinrent **plus abondants**, mais aussi plus coriaces.
- *Mesohippus* développa **trois doigts aux pattes avant**, comme à ses pattes arrière. Sa tête s'allongea, étirée par de longues mâchoires.
- Tandis qu'ils évoluaient, **les chevaux commencèrent à migrer** de l'Amérique du Nord et de l'Europe vers l'Asie, l'Afrique et l'Amérique du Sud.

Les chevaux

De la taille d'un poney, ***Merychippus*** vécut entre -20 et -10 Ma. Il constitua un véritable saut évolutif par rapport aux chevaux primitifs tels que *Mesohippus*.

▲ *D'un gabarit identique,* Hypohippus *vécut à la même époque que* Merychippus, *entre -17 et -11 Ma. Contrairement aux chevaux apparus plus tard, il était également doté de trois doigts évasés, qui facilitaient ses déplacements sur le sol meuble des forêts où il vivait.*

- Ce fut le premier cheval à consommer principalement de **l'herbe**. Pour lui permettre d'atteindre cette nourriture plus facilement, son cou et son museau étaient plus longs que ceux des chevaux primitifs.

- Le doigt du milieu des pattes de *Merychippus* évolua également en sabot mais, à la différence des chevaux modernes, ce sabot ne comportait **pas de coussinet** sur le dessous.

- Les membres de *Merychippus* étaient conçus pour **distancer les prédateurs**. Les os de ses cuisses étaient plus courts que ceux des chevaux archaïques, tandis que les os de ses jarrets étaient plus longs.

- Avoir les os des cuisses plus courts avait pour effet de **concentrer la musculature** en haut des membres, et d'augmenter leur ressort en course.

- ***Hipparion***, qui signifie **« petit cheval »**, concrétisa une nouvelle avancée par rapport à ***Merychippus***. Il avait des membres plus fins et des sabots plus proches de ceux des chevaux modernes. *Hipparion* vécut aux environs de -12 à -1 Ma.

- Apparu vers -12 Ma, ***Pliohippus*** présentait une nouvelle évolution. Toujours présents, mais déjà réduits chez *Hipparion*, les doigts situés de chaque côté du doigt central des pattes étaient encore plus petits chez *Pliohippus*.

- Les dents de *Pliohippus* étaient similaires à celles des chevaux modernes. Plutôt longues, elles avaient à leur surface des reliefs parfaitement **adaptés au broyage de l'herbe**.

- *Equus* est l'ancêtre des chevaux, des ânes et des zèbres actuels. Il émergea il y a environ 4 Ma, et constitua **la dernière étape de l'évolution** de la famille des chevaux.

Les premières baleines

- Les **premières baleines** ne ressemblaient en rien aux animaux énormes qui peuplent nos océans aujourd'hui.
- ***Ambulocetus*** fut l'un des premiers membres de la famille des baleines. Muni d'une longue queue et de larges pattes vraisemblablement palmées, il nageait probablement à la manière d'une loutre géante. Il vécut autour de -50 Ma.
- *Ambulocetus* signifie **« baleine qui marche »**. En effet, cet animal passait peut-être bien plus de temps sur la terre ferme que dans l'eau.

▶ *Capable de courir vite et de nager avec aisance,* Pakicetus *vivait probablement à proximité de l'eau, où il chassait aussi bien que sur la terre ferme.*

- Il semble néanmoins qu'*Ambulocetus* était un **bon nageur.** Ses restes fossiles montrent que ses pattes antérieures et postérieures étaient palmées.

- Ancêtre probable d'*Ambulocetus*, ***Pakicetus*** était une baleine encore plus primitive, qui vécut au début de l'Éocène, il y a environ 52 Ma.

- *Pakicetus* fut nommé d'après le **Pakistan**, où l'on découvrit, en 1979, ses seuls fossiles connus : un crâne et quelques dents.

- ***Pakicetus*** mesurait environ 1,80 m de long, contre 3 m pour *Ambulocetus*.

- Les paléontologues pensaient que les cétacés, le groupe réunissant les baleines et les dauphins, avait évolué à partir des mésonychidés, des mammifères ongulés carnivores. Aujourd'hui, ils considèrent que les cétacés sont plus étroitement apparentés aux **artiodactyles**, des mammifères ongulés herbivores.

- Il y a environ 40 Ma, les premières véritables **baleines totalement aquatiques** évoluèrent à partir d'ancêtres mi-marcheurs mi-nageurs.

Le sais-tu ?

Seuls l'arrière du crâne et une partie de la mâchoire inférieure de Pakicetus ont été découverts à ce jour. Mais ils sont suffisants pour permettre aux paléontologues de dire que l'animal était incapable de plonger très profondément.

Les baleines

- Apparu il y a environ 40 Ma, ***Basilosaurus*** ressemblait beaucoup aux baleines actuelles, bien plus que ses cousins *Pakicetus* et *Ambulocetus*.
- C'était un **animal énorme,** d'environ **20 m de long**, soit plus ou moins la longueur de trois éléphants en file indienne.
- *Basilosaurus* possédait **différentes sortes de dents**, effilées à l'avant pour capturer et transpercer ses proies, et incisées à l'arrière pour les mâcher.
- Ces baleines consommaient de **gros poissons**, des calmars ainsi que d'autres mammifères marins.

Le sais-tu ?

Cetotherium était une baleine préhistorique apparue il y a plus de 20 Ma. Au lieu de dents, elle disposait dans la bouche de lames rigides, des fanons, qui filtraient le plancton et les petits poissons.

- Il existait de grandes différences entre *Basilosaurus* et les baleines modernes, en particulier son **corps plus fin**.
- En outre, *Basilosaurus* ne possédait pas **d'évent**, cette sorte de narine située sur le dessus de la tête, que les baleines modernes utilisent pour respirer quand elles viennent à la surface. À la place, *Basilosaurus* avait des narines sur le museau.

▲ Basilosaurus *signifie « roi des lézards ». Cette baleine préhistorique a été nommée ainsi, parce que la première personne qui étudia ses restes fossiles crut qu'il s'agissait d'un gigantesque plésiosaure, un reptile marin préhistorique.*

- Équipé d'un évent, ***Prosqualodon*** était une baleine plus évoluée que *Basilosaurus*. Il vécut entre -23 et -16 Ma.
- *Prosqualodon* paraissait beaucoup ressembler à **l'ancêtre des baleines à dents**, un groupe réunissant les cachalots, les orques, les baleines à bec, les dauphins et les marsouins.
- Très semblable à un dauphin, *Prosqualodon* avait un corps fuselé d'environ **2,50 m** et un long museau étroit hérissé de dents pointues.

Les humains

Les premiers primates

- Les primates constituent un **groupe de mammifères** qui inclut les lémuriens, les singes, les grands singes et les humains.
- Leurs bras, leurs jambes, leurs doigts et leurs orteils confèrent aux primates des aptitudes à une **gamme de mouvements beaucoup plus étendue** que les autres mammifères.
- Ils disposent également d'un **sens du toucher plus développé**, car leurs doigts et leurs orteils portent des ongles plats, et non des griffes recourbées. Cela a permis à la peau du dessous de devenir plus sensible au toucher.
- Les **ancêtres des primates** étaient des petits mammifères insectivores (mangeurs d'insectes) ressemblant à des musaraignes.
- L'un des **premiers primates** identifié fut ***Plesiadapis***, qui vécut à la fin du Paléocène, vers -57 Ma, en Europe et en Amérique du Nord. Cet animal semblable à un écureuil résidait probablement dans les arbres.
- Les **primates plus évolués** se développèrent entre 10 et 5 Ma avant notre ère. Ils avait une apparence voisine de celle des lémuriens modernes.
- ***Notharctus*** était l'un de ces primates semblables aux lémuriens. Il consommait des feuilles et des fruits. Sa tête et son corps totalisaient 40 cm, et il était doté d'un pouce préhensile pour agripper les branches.
- Quoiqu'encore primitifs, ***Smilodectes*** et ***Cantius*** comptaient parmi les autres primates plus évolués. Ils possédaient un plus gros cerveau, de plus grands yeux, une queue plus longue et un museau plus petit que ceux de *Plesiadapis*.

- Ces animaux sont de **lointains ancêtres des lémuriens** et des loris, mais probablement pas des primates supérieurs que sont les singes, les grands singes et les humains. Les paléontologues avancent que ces espèces sont issues d'une autre branche évolutive des primates.

- Présent en Grèce et en Turquie il y a environ 6 Ma, ***Mesopithecus*** fut l'un des premiers singes. Il ressemblait beaucoup à ses cousins modernes, mais il était doté d'une queue plus longue.

▼ *Le primate primitif* Plesiadapis *possédait une longue queue, ainsi que des doigts et des orteils griffus, contrairement aux singes apparus ultérieurement, qui avaient des ongles.*

Les hominoïdés

- Les hominoïdés sont des **primates aux cerveaux plus complexes** que ceux des autres singes. Ils sont aussi dépourvus d'appendice caudal. Ce groupe est constitué des « petits grands singes » (gibbons et siamangs), des grands singes et des humains.
- *Aegyptopithecus* fut l'un des **précurseurs des hominoïdés**. Découverts en Égypte, ses fossiles datent de l'Oligocène (-34 à -23 Ma), et attestent qu'il était petit et doté d'une queue courte.
- Parmi les premiers hominoïdés figurait ***Proconsul***, qui vécut entre -25 et -23 Ma. Sa taille variait de celle d'un petit singe à celle d'une femelle gorille, et son cerveau était plus gros que celui d'*Aegyptopithecus*.

▼ *L'hominoïdé primitif* Dryopithecus *mesurait environ 1 m de haut. Proportionnellement à sa taille, il avait le plus gros cerveau de tous les mammifères de l'époque. Il prospéra en Afrique, en Asie et en Europe.*

- ***Proconsul* était frugivore**, c'est-à-dire qu'il mangeait des fruits. Les paléontologues pensent qu'il marchait sur ses quatre membres, une partie de son poids étant soutenue par les phalanges de ses mains, comme chez les chimpanzés et les gorilles modernes.

> **Le sais-tu ?**
> Proconsul fut dénommé en 1933 d'après Consul, un chimpanzé dressé qui montait sur scène avec une pipe et une bicyclette.

- Au contraire de ce que les scientifiques pensaient initialement, *Proconsul* ne serait **pas à l'origine des lignées d'hominoïdés** ayant conduit à l'apparition des petits grands singes (gibbons et siamangs), des grands singes asiatiques (orangs-outans), des grands singes africains (chimpanzés, gorilles et bonobos) et des humains. S'il n'est pas leur ancêtre, *Proconsul* reste néanmoins parent des hominoïdés.
- ***Dryopithecus*** était un hominoïdé évoquant un chimpanzé. Il vivait au Miocène supérieur (-15 à -5 Ma). Il se tenait peut-être parfois debout, mais sa morphologie indique aussi qu'il devait se déplacer avec aisance dans les arbres.
- Jadis appelé *Ramapithecus*, ***Sivapithecus*** était un hominoïdé qui vécut approximativement entre -12 et -8 Ma. Désormais considéré comme un maillon de l'évolution des grands singes asiatiques, il pourrait être un **ancêtre de l'orang-outan**.
- Découverts en Afrique, les **australopithécinés** marquèrent une nouvelle étape dans l'évolution du singe à l'homme. En effet, certains d'entre eux se déplaçaient en position bipède.
- Le **plus grand des hominoïdés** était ***Gigantopithecus***, qui vécut en Asie entre -8 et -1 Ma environ. Selon certaines estimations, il pouvait mesurer jusqu'à 3 m de haut et peser plus de 500 kg.

Ardipithecus

- L'un des premiers homininés, le groupe rassemblant les humains et leurs proches parents, fut ***Ardipithecus ramidus***, qui vécut il y a 4,4 Ma environ.
- Possiblement semblable à un chimpanzé à bien des égards, la morphologie du bassin et des pieds d'*Ardipithecus* ramidus semble toutefois indiquer qu'il était à la fois **bipède et apte à se déplacer dans les arbres**.
- Il vivait probablement **en milieu forestier** et passait la nuit dans les arbres. Son régime alimentaire devait être omnivore.
- En moyenne, une **femelle adulte** *Ardipithecus ramidus* mesurait environ 1,20 m et pesait 50 kg.
- En 1992, les archéologues ont découvert en Éthiopie des **dents**, ainsi que des **fragments de crâne et de bras fossilisés** d'*Ardipithecus ramidus*. D'abord classé *Australophitecus ramidus*, on lui attribua un nouveau nom en raison de caractères le rapprochant des grands singes.
- Entre 1997 et 2001, toujours en Éthiopie, les archéologues ont mis au jour les restes de 11 spécimens d'un **hominidé encore plus ancien**, *Ardipithecus kadabba*, qui vécut entre -5,8 et -5,2 Ma.
- Les **fossiles d'*Ardipithecus kadabba*** ressemblant à ceux d'*Ardipithecus ramidus*, il n'est donc pas exclu que ces deux espèces soient très étroitement apparentées.
- Le nom *kadabba* signifie **« ancêtre de la famille originelle »** dans la langue locale.
- ***Australopithecus anamensis*** est un homininé apparu après *Ardipithecus ramidus*. Ses fossiles sont âgés de 4,2 à 3,9 Ma.
- Le **tibia évasé** au niveau du genou témoigne qu'*Australopithecus anamensis* portait son poids d'une jambe sur l'autre quand il se déplaçait. Un signe certain de sa bipédie !

▲ Ardipithecus ramidus. *Les scientifiques le dénommèrent en utilisant des termes dérivés de l'afar, une langue parlée en Éthiopie. Ardi signifie « base », tandis que ramid signifie « racine », des mots choisis pour exprimer sa position à la base de l'histoire de l'humanité.*

Australopithecus africanus

- *Australopithecus africanus*, qui signifie **« grand singe du Sud de l'Afrique »**, était un hominidé primitif qui apparut entre -3 et -2 Ma. Les hominidés constituent une famille du groupe des hominoïdés.
- *Australopithecus africanus* fut le **premier australopithéciné** à être mis au jour.
- C'est le scientifique australien **Raymond Dart** qui fit la découverte de ce fossile remarquable en Afrique du Sud, en 1924.
- Le fossile que Dart identifia fut extrait d'une carrière située à proximité du village de Taung, **en bordure du désert du Kalahari**.
- C'était le fossile du crâne d'un enfant d'environ trois ans, aujourd'hui célèbre sous le nom d'**« enfant de Taung »**.
- Beaucoup refusaient de croire à la découverte de Dart, considérant qu'il s'agissait d'un **grand singe** et non d'un homininé. Le médecin et paléontologue Robert Broom fut le seul à lui accorder crédit.
- En 1947, Broom découvrit à son tour le **crâne** d'un *Australopithecus africanus* adulte.
- Ce crâne adulte est aujourd'hui connu sous le nom de **« Mrs Ples »**, car Broom pensa d'abord qu'il appartenait à une espèce différente, *Plesianthropus transvaalensis*.
- Au cours des années 1950, d'**autres fragments de squelettes** d'*Australopithecus africanus* furent mis au jour, notamment un **bassin** et un **fémur**.
- Ces fossiles constituent la preuve irréfutable qu'*Australopithecus africanus* était un **homininé bipède**.

▼ *L'enfant de Taung ressemblait peut-être à cela. Des lésions sur son crâne et les restes d'une grosse coquille d'œuf retrouvés à proximité suggèrent qu'il aurait été tué par un gros oiseau.*

Homo habilis

Âgé de 2,4 à 1,4 Ma, *Homo habilis* est l'un des **plus anciens membres connus du genre *Homo***, celui auquel nous appartenons également.

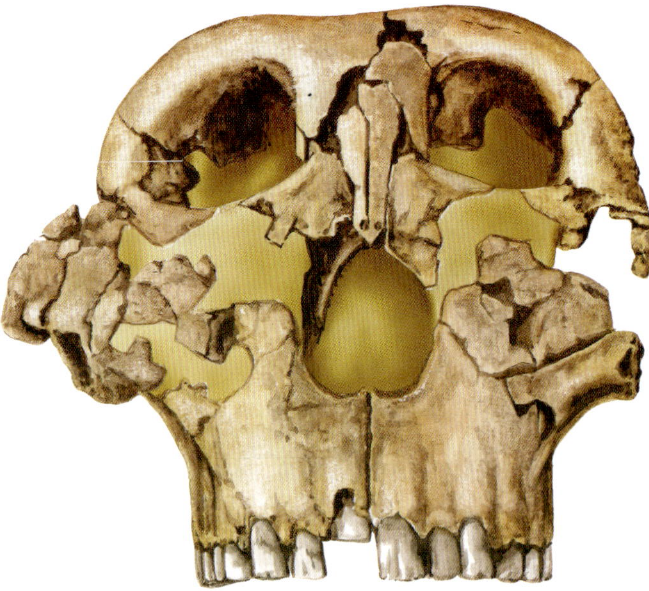

▲ *Le premier crâne d'*Homo habilis *fut découvert par Louis et Mary Leakey en Tanzanie.* Homo habilis *avait un cerveau plus gros que celui de tous les homininés qui l'avaient précédé.*

- Les paléoanthropologues Louis et Mary Leakey découvrirent ses restes à **Oldupai, en Tanzanie**, entre 1960 et 1961.

Le sais-tu ?
Homo habilis utilisait des outils en pierre pour briser les os d'animaux afin de manger la moelle nutritive qu'ils renfermaient.

- Depuis, des crânes fossiles d'*Homo habilis* ont été extraits des environs du **lac Turkana au Kenya**, l'un des gisements fossilifères d'hominidés les plus riches du monde.
- Ces crânes montrent qu'*Homo habilis* avait un **visage plat, doté de pommettes proéminentes**, comme les australopithécinés aux côtés desquels on suppose qu'il a vécu.
- *Homo habilis* affichait plus de **traits communs avec les grands singes** que ses successeurs, comme *Homo ergaster*. Son corps était probablement recouvert de fourrure, et il ne disposait pas d'un langage élaboré pour communiquer.
- **Son cerveau était cependant plus gros** que celui de n'importe quel autre australopithéciné. Pourvues de doigts plus sensibles, ses mains étaient aussi plus flexibles et de forme plus droite.
- *Homo habilis* signifie **« homme habile »**. En effet, il pouvait utiliser ses mains pour cueillir des fruits, et fabriquait également des outils en pierre, appelés « outils oldowayens ».
- Parvenu à l'âge adulte, *Homo habilis* mesurait en moyenne **1,10 à 1,35 m** et pesait de 30 à 40 kg.

Homo erectus

- Il y a environ 1,8 Ma, une **nouvelle forme d'humain** apparaît en Afrique : *Homo erectus*. Pour certains scientifiques, *Homo ergaster*, était un type d'*Homo erectus*.
- Le corps d'*Homo erectus* était très **analogue à celui de l'homme moderne**, et aussi grand. Certains individus pouvaient atteindre 1,85 m et peser jusqu'à près de 70 kg.
- Relativement différente de celle de l'homme moderne, la tête d'*Homo erectus* comportait une **épaisse arcade sourcilière** et des **mâchoires proéminentes**, qui le faisaient ressembler à un grand singe.
- Plusieurs vestiges indiquent qu'*Homo erectus* était **capable de construire des huttes** de bois et de broussailles. Il s'agissait probablement de refuges temporaires destinés à abriter les tribus en déplacement, et non pas de gîtes permanents.
- *Homo erectus* **se dispersa au-delà de l'Afrique**, et s'installa en Europe et en Asie.
- Vers la fin du XIXe siècle, Eugène Dubois découvrit des fossiles d'*Homo erectus* sur l'**île indonésienne de Java**. À l'époque, il nomma sa découverte *Pithecanthropus erectus*, avant de réaliser son erreur.
- De 1927 à 1937, les scientifiques découvrirent en **Chine** plus de **40 squelettes d'*Homo erectus***, initialement appelé *Sinanthropus pekinensis*.

Le sais-tu ?

Les fossiles de cet « homme de Pékin » ont disparu de Chine au début de la seconde guerre mondiale, au moment où ils devaient être expédiés aux États-Unis, à l'abri de l'invasion japonaise. Ils n'ont jamais été retrouvés depuis.

- Pendant une longue période, on appela l'hominidé auquel appartenaient ces fossiles chinois l'**« homme de Pékin »**. Ce n'est que beaucoup plus tard que les paléoanthropologues comprirent qu'il s'agissait en fait d'*Homo erectus*.
- Les archéologues ont également décelé des indices prouvant qu'*Homo erectus* **exploitait le feu**, et pratiquait peut-être le cannibalisme.

▼ *Utilisés par* Homo erectus, *ces foyers de pierre confirment qu'il maîtrisait le feu, pour lui fournir de la chaleur et de la lumière, mais aussi pour se protéger et cuire les aliments.*

Homo neanderthalensis

- *Homo neanderthalensis*, l'**homme de Néandertal**, est apparu il y a approximativement moins de 300 000 ans, et aurait vécu jusqu'à -30 000 ans environ, un peu partout en Russie, en Europe et dans certaines régions du Moyen-Orient.
- *Homo neanderthalensis* signifie **« homme de la vallée de Néander »**, du nom du site situé en **Allemagne**, où l'on a découvert ses premiers fossiles en 1856.
- Les Néandertaliens sont **nos cousins éteints**, plutôt que nos ancêtres directs. Ils appartiennent en effet à autre branche de la famille humaine.
- Dotés d'un corps plus trapu et de jambes plus courtes, ils étaient proportionnellement environ **30 % plus lourds que l'homme moderne**.
- Le corps râblé de l'homme de Néandertal était **mieux adapté** que celui de l'homme moderne à la vie en Europe et en Russie, pendant les âges glaciaires du Pléistocène (-2,6 Ma à -12 000 ans).
- Son visage était également différent, avec un front fuyant et un **épais bourrelet osseux** au-dessus des yeux.
- Il **enterrait ses morts**, cuisait sa viande et fabriquait divers outils et armes.
- L'homme de Néandertal confectionna les **premières lances de l'histoire humaine**. Elles portaient une lame de pierre à leur extrémité.

Le sais-tu ?

Beaucoup pensent que les Néandertaliens étaient lents et stupides, mais en réalité, leur cerveau était aussi gros que celui de l'homme moderne, et parfois même plus gros proportionnellement à leur corps.

▼ *Les Néandertaliens utilisaient probablement des défenses de mammouth et des peaux de cerfs pour se construire des abris à l'aide des différents outils qu'ils fabriquaient.*

L'homme moderne

- ***Homo sapiens*** a émergé en **Afrique** approximativement entre -200 000 et -150 000 ans. Il constitue la sous-espèce à laquelle appartiennent tous les êtres humains d'aujourd'hui.
- Le premier Homo sapiens non originaire d'Afrique est **apparu en Israël**, il y a environ 90 000 ans.
- Quelque 50 000 ans plus tard, *Homo sapiens s'était* dispersé un peu partout sur la planète, notamment en **Europe** et sur l'**île de Bornéo**.
- **« Homme de Cro-Magnon »** désigne un *Homo sapiens* installé en Europe à une période donnée. Les hommes de Cro-Magnon s'habillaient de fourrures, et chassaient aidés de lances et de filets.
- L'homme de Cro-Magnon avait **un langage et une culture rudimentaires**. Il peignait notamment des images sur les parois des grottes qu'il occupait.
- **Semblable à l'homme moderne**, l'homme de Cro-Magnon possédait néanmoins des mâchoires et un nez légèrement plus gros, ainsi qu'une boîte crânienne plus arrondie.
- *Homo sapiens* arriva probablement en **Amérique du Nord** approximativement entre -25 000 et -15 000.

Le sais-tu ?

L'homme moderne n'a que très peu évolué depuis les premiers Homo sapiens. Notre nom scientifique, Homo sapiens, signifie « Homme sage et intelligent ».

On suppose qu'il a traversé l'**isthme de Béring**. Cette bande de terre formée par la baisse du niveau de la mer durant la dernière période glaciaire reliait alors la Sibérie à l'Alaska.

Au Nouveau-Mexique, en Amérique du Nord, le site de Clovis a livré les vestiges d'une **culture humaine primitive** datant de -12 000 ans. Depuis, d'autres cultures plus anciennes ont été découvertes.

◄ *Les peintures rupestres, la cuisson des aliments et la fabrication d'outils complexes sont des caractéristiques* d'Homo sapiens. *Parés d'un front plus haut et d'un menton plus proéminent, ces hommes – nous-mêmes – étaient eux aussi différents des représentants des précédentes espèces humaines.*

Cerveau et intelligence

- En proportion de leur corps, les primates dont nous descendons avaient un **cerveau plus gros** que celui des autres mammifères.
- Les primates ont développé un plus gros cerveau et une plus grande intelligence, parce que **vivre et se déplacer dans les arbres** exigeait un grand sens de l'équilibre, une bonne coordination, ainsi qu'une adresse certaine des mains et des pieds.
- L'augmentation du volume du cerveau des hominidés entraîna des **modifications du crâne**. Pour abriter un plus gros cerveau, la taille du front dut augmenter.
- Avec un volume de 550 à 680 cm^3, le cerveau d'*Homo habilis* était jusqu'à **près de 50 % plus gros** que celui de ses ancêtres australopithèques.
- La structure de son cerveau était différente de celle des premiers hominidés. Ses **lobes frontaux**, les parties du cerveau intervenant dans la planification et à la résolution des problèmes, étaient notamment beaucoup plus développés.

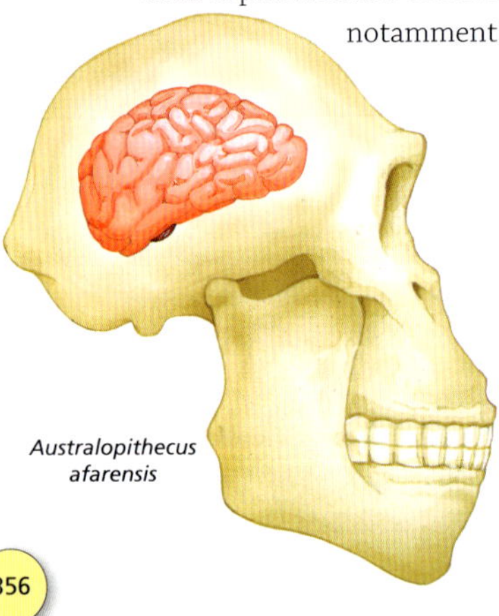

Australopithecus afarensis

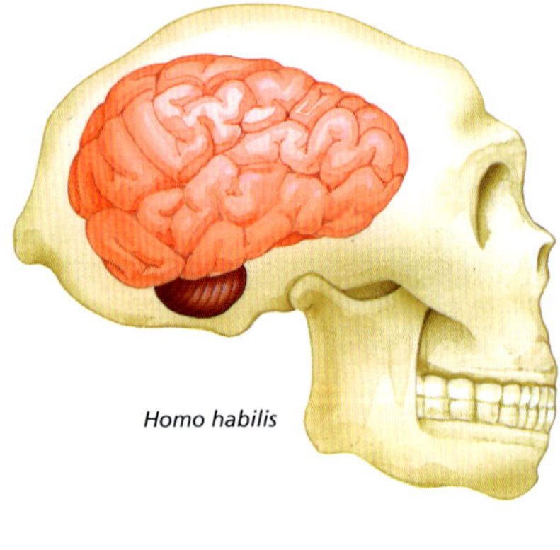

Homo habilis

- *Homo habilis* mit son **intelligence supérieure** au service de sa quête de nourriture, et commença à manger la chair de proies tuées par d'autres animaux afin de compléter son alimentation.
- **Manger plus de viande** permit au cerveau des hominidés de grossir encore. En effet, la digestion des plantes nécessitant une très grande quantité d'énergie, moins ils en mangeaient, plus ils avaient d'énergie disponible pour leur cerveau.
- *Homo ergaster* possédait un **cerveau encore plus gros**, d'un volume d'environ 700 à 900 cm^3. Il utilisait probablement son intelligence pour lire les traces laissées par les animaux. Un progrès considérable pour sa technique de chasse !
- **Le cerveau d'*Homo erectus* ne cessa d'augmenter** tout au long de son existence. Il y a environ 1 Ma, son volume cérébral moyen était de 700 cm^3, et 500 000 ans plus tard, il atteignait 1 300 cm^3.
- Le volume moyen du **cerveau de l'homme d'aujourd'hui** est de 1 400 cm^3.

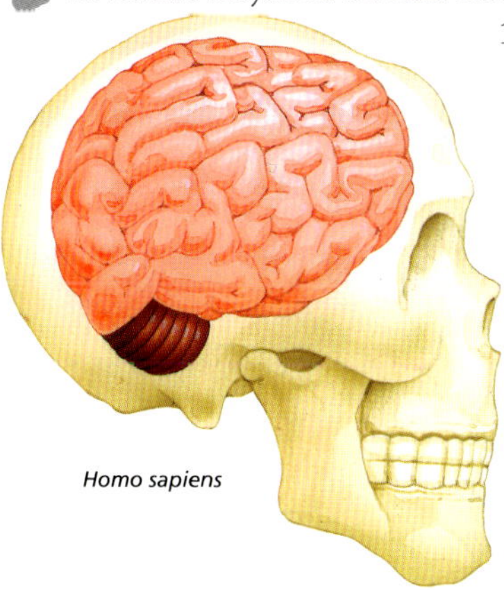

◄ *La taille du cerveau a un lien avec l'intelligence, mais d'autres critères indépendants de la taille sont aussi déterminants. Tout comme nos ancêtres, ce qui nous rend intelligents est la structure complexe de notre cerveau.*

Le langage

- Le langage date peut-être de l'**époque d'*Homo erectus* ou d'*Homo ergaster***. En ces temps-là cependant, la communication devait être beaucoup plus rudimentaire que la nôtre aujourd'hui.
- Le développement du langage est né de la nécessité de disposer d'un moyen d'entretenir les **relations à l'intérieur des communautés**.
- Des cris d'alarme aux appels pour séduire un(e) partenaire, le langage permet de **transmettre différents messages**. Il met en jeu un système de représentation des idées et des sentiments.
- Un pharynx de longueur suffisante est nécessaire à l'**articulation des sons**. Le pharynx est un conduit situé dans le cou, qui va du larynx qui abrite les cordes vocales, à l'arrière des fosses nasales.
- Chez les autres primates, le **pharynx** est trop court pour permettre la production de sons complexes.

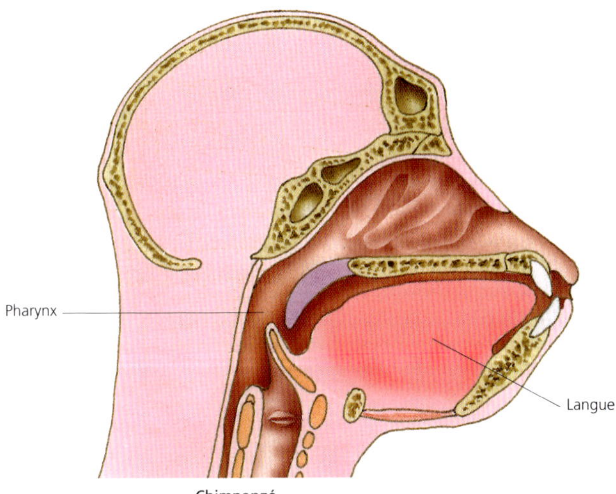

Chimpanzé

- *Homo erectus* et Homo *ergaster* avaient probablement un pharynx plus long que celui des homininés qui les ont précédés, ce qui suggère une capacité à émettre des **sons rudimentaires**.
- Doté d'un pharynx encore plus long, ***Homo heidelbergensis*** disposait probablement d'un **langage articulé**. Cependant, les sons qu'il produisait étaient certainement autres que ceux que nous émettons aujourd'hui, à cause de la structure différente de son crâne.
- L'**homme de Néandertal** était certainement capable de parler lui aussi. Les restes fossiles de son os hyoïde (le support du larynx) montrent qu'il était presque identique à celui des hommes actuels.
- Le **langage moderne** ne s'est peut-être parfait qu'avec l'émergence d'*Homo sapiens*.
- Certains experts considèrent que le langage moderne a commencé à se développer il y a **environ 150 000 ans**, mais d'autres affirment qu'il a fallu attendre jusqu'en -50 000.

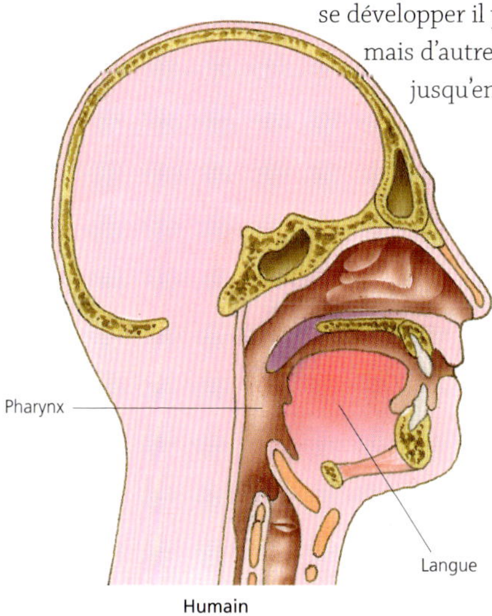

◄ *Ce sont certaines différences anatomiques qui permettent à l'homme (à droite) de parler, mais privent le chimpanzé (à gauche) de cette faculté. À l'inverse du chimpanzé et des premiers homininés, nous avons une gorge longue et une face moins proéminente. Par conséquent, notre pharynx peut produire une large gamme de sons, et notre langue avancer et reculer dans notre bouche pour contribuer à l'articulation des mots.*

Les outils

▲ Homo habilis *produisait des éclats comme celui-ci, en frappant la pierre à façonner avec une autre, appelée « percuteur ».*

- C'est dans les gorges d'Oldupai, en Tanzanie que l'on a découvert le **plus grand nombre d'outils** d'*Homo habilis*. Parmi eux, il y avait de nombreuses pierres faisant office de marteaux, de broyeurs, de hachoirs et de grattoirs.
- ***Homo habilis*** se servait de ces outils pour dépecer et découper ses proies, mais aussi pour extraire la moelle des os d'animaux afin de la manger.
- Les **outils en pierre** utilisés par *Homo habilis* étaient grossièrement taillés et rudimentaires. Cet homininé fut certes l'un des premiers à en fabriquer, mais il n'était pas encore très doué.
- La **fabrication de ces premiers outils** de pierre tenait cependant du défi. Il fallait en effet, en frappant une pierre contre une autre, produire un éclat unique et tranchant, en évitant de casser la pierre en morceaux.

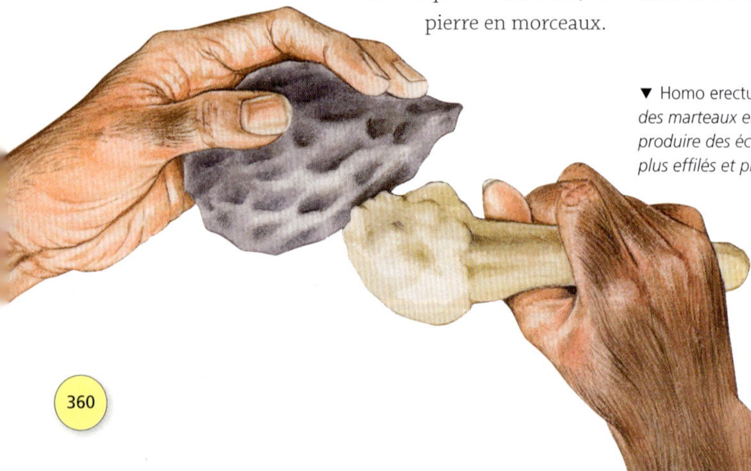

▼ Homo erectus *utilisait des marteaux en os, pour produire des éclats de pierre plus effilés et plus affûtés.*

- La réalisation d'outils nécessite une **intelligence considérable**. Elle implique d'utiliser sa mémoire, ainsi que la capacité à planifier des actions et à résoudre des problèmes abstraits.
- **Les outils d'*Homo erectus* étaient plus perfectionnés**. Il fabriquait notamment des bifaces en forme de goutte, appelés « haches acheuléennes ». Ils doivent leur nom au site français de Saint-Acheul, où l'on découvrit des bifaces semblables, mais plus récents.
- Les **Néandertaliens** mirent au point une **technique particulière** pour produire des éclats de pierre tranchants comme des rasoirs. Appelés « éclats Levallois », ils étaient généralement fixés à l'extrémité de lances.
- Cette technique exigeait une **grande précision** et beaucoup de **dextérité**. Bien que l'homme moderne dispose aujourd'hui de plus vastes compétences que ses ancêtres, il aurait bien du mal à fabriquer ces outils !
- Les **hommes de Cro-Magnon** ont conçu des couteaux, des pointes de lance et des instruments de gravure. Ils commencèrent également à produire des outils à partir **d'autres matériaux que la pierre**, notamment le bois, l'os, le bois de cervidé et l'ivoire.

▲ *Les outils d'*Homo sapiens *devinrent de plus en plus élaborés, combinant différents matériaux, par exemple des lanières pour attacher la pointe de cette hache (en haut), ou de la résine pour fixer les dents en silex de cette scie (en bas).*

La chasse

- **L'un des premiers chasseurs humains fut *Homo erectus***. Les homininés qui le précédèrent, comme *Homo habilis*, chassaient peut-être des animaux petits ou malades, mais il est plus probable qu'ils se soient nourris de charognes.

- ***Homo erectus* utilisait le feu** pour attirer les animaux dans des pièges. Il confectionnait également des bifaces, à l'aide desquels il tuait et dépeçait ses proies.

- Dans les années 1990, on a localisé des armes fabriquées par *Homo heidelbergensis* à Boxgrove, en Angleterre. Elles ont permis d'étudier l'**arsenal de chasse complet** des humains de l'époque. Il comprenait des bifaces, ainsi que des sortes de couteaux et de lames, pour entailler, découper et trancher.

- En plus de procurer de la nourriture, la chasse devint rapidement un moyen de se fournir en vêtements, grâce aux **peaux d'animaux**, et en matériaux pour les outils, issus des os, des cornes et des sabots.

- Le **premier chasseur humain** vraiment efficace fut l'homme de Néandertal. Il développa ses compétences au cours des périodes glaciaires du Pléistocène (-2,6 Ma à -12 000 ans).

- Les **Néandertaliens** utilisaient des filets et des lances pour attraper des poissons et des alevins. Ils chassaient également des phoques, en projetant leurs lances sur eux, ou à travers des trous dans la glace.

- Outre la chasse pour s'approvisionner en viande, les homininés pratiquaient également la **cueillette** de fruits à coque et d'autres fruits, ainsi que de légumes sauvages.

- Un endroit également célèbre pour ses vestiges néandertaliens est le site de Schöningen en Allemagne, où l'on a retrouvé **huit lances en bois poli** parfaitement conservées.

- **Conçues comme des javelots**, chacune de ces lances mesurait plus de 2 m.
- ***Homo sapiens* inventa de nouvelles armes** pour la chasse, notamment l'arc et les flèches, la sarbacane et le boomerang.

▼ *Les premiers humains mirent au point des méthodes toujours plus sophistiquées pour tuer les animaux, notamment de nouvelles armes, des pièges et l'usage du feu.*

L'art rupestre

- Les **hommes de Cro-Magnon** sont auteurs d'innombrables peintures rupestres.
- L'un des meilleurs exemples de ces peintures est la **grotte Chauvet** située en Ardèche, en France, et qui fut découverte en 1994.
- La grotte Chauvet abrite plus de **1 000 représentations d'humains et d'animaux**, notamment des lions, des cerfs, des bisons et des rhinocéros laineux.
- Autrefois, beaucoup doutaient de la **capacité** des premiers hommes à réaliser ces peintures, et croyaient qu'il s'agissait de supercheries.
- Un autre magnifique exemple de fresques rupestres est la **grotte d'Altamira**, en Espagne, dont le plafond et les parois sont couverts de figures animales, surtout des bisons aux tons de rouge, de noir et de violet.
- La plupart des peintures rupestres datent d'environ **30 000 à 15 000 ans**, quand les hommes de Cro-Magnon vivaient en Europe et ailleurs. Mais d'autres pourraient être beaucoup plus anciennes. Certains archéologues pensent que les peintures de la grotte d'**El Castillo** en Espagne sont âgées de 40 000 ans.
- Beaucoup de peintures rupestres semblent représenter des **scènes de chasse**, mais elles montrent aussi de nombreux symboles, notamment des motifs composés de carrés et de points. Une autre image fréquemment retrouvée est l'**empreinte de mains humaines**.

Le sais-tu ?

Les hommes de Cro-Magnon réalisaient des empreintes de leurs mains en les posant contre la paroi de la grotte et en soufflant des pigments de suie colorés par-dessus.

▲ *Datée d'environ 17 000 ans, cette série de peintures rupestres orne la salle dite « des Taureaux » à l'intérieur de la grotte de Lascaux, située dans le sud-ouest de la France.*

Index

Index

B

C

D

F

G

H

I

J

K

L

M

N

O

P

Q

R

S

T

U

V

W

Y

Z

Crédits photographiques

Couverture Stuart Jackson-Carter

Fotolia.com
236 Johann Loigge ; 366

Shutterstock.com
Couverture

Les autres photographies sont de :
Corel, digitalSTOCK, digitalVision, iStockphoto.com, John Foxx, PhotoAlto, PhotoDisc, PhotoEssentials, PhotoPro, Stockbyte, Miles Kelly Archives

5, rue d'Alembert
91240 Saint-Michel-sur-Orge
Dépôt légal : 3e trimestre 2015
Loi n°49-956 du 16 juillet 1949
sur les publications destinées à la jeunesse.
Imprimé en Chine.

Imprimé sur papier issu de forêts gérées durablement.